JN284916

Le monde exotique
de la mécanique quantique

Takuju Zen
全 卓樹

エキゾティックな量子

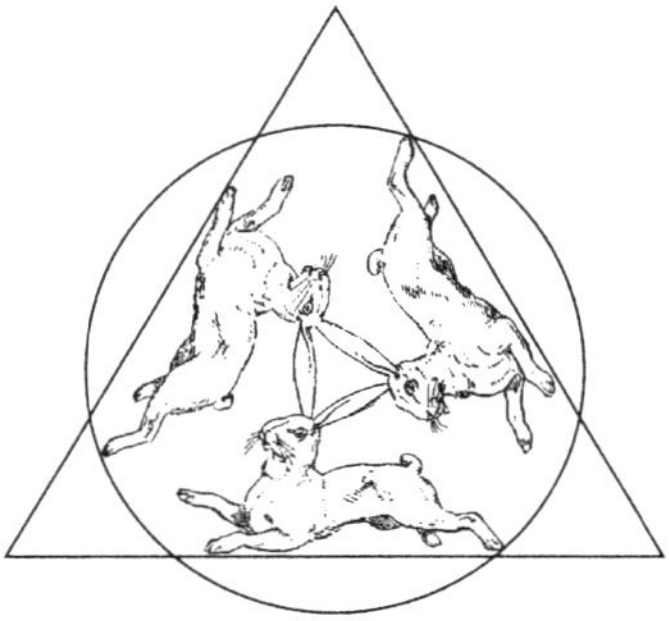

不可思議
だけど
意外に近しい
量子のお話

東京大学出版会

Exotic World of Quantum Mechanics
Takuju ZEN
University of Tokyo Press, 2014
ISBN978-4-13-063607-0

はじめに

世の中で知り得ることのすべては知られていて、残されているのは技術的な最後の詰めだけである。一九世紀末のほとんどの科学者はこう考えていた。

世界は光で満たされている。太陽の輝きから蛍の光まで、すべての光は化学反応によって発生することを彼らは知っていた。火の光を得てはじまった人間の文明は、いまや化学反応と燃焼の制御によって完成しつつあるのだった。それは最終兵器ダイナマイトの発する光、そして鋼鉄を鍛える超高温溶鉱炉の中に満ちている光を見れば、誰の目にも明らかなのであった。

彼らのなんと誤っていたことだろう。

二〇世紀がはじまるや否や、光について、そして光を発するものについて、それまで人間がなにひとつ理解していなかったことが、次々と明らかになってきた。量子力学が発見されたのである。プランクによって、そしてアインシュタインによって、それまで電磁場の波動だとばかり思われていた光に、粒子の性質があることが示された。光の波に「エネルギー量子」としての粒子性を考えない限り、溶鉱炉の発する光の色すら理解できないことがわかったのである。光のエネルギー量子説に続いた電子運動の量子説が、原子の構造解明ののろしであった。ボーアによって、ド・ブロイによって、シュレーディンガーによって、ハイゼンベルクによって、そしてディラックによって、原子と光の総合理論としての量子力学の姿が明らかになってきた。

それは異形の、考えようによっては奇怪な理論であった。量子力学を知らなかった一九世紀までの科学者たちは、物と光についてなにも知らなかっただけでなく、ある意味で、世の成り立ちの基本原理さえ誤って理解していたのである。量子力学では、すべての波は粒子性を帯びており、逆にすべての粒子は波でもある。その波は「確率波」であって、粒子の確率的振る舞いを表現している。その意味するところは深刻で、量子論ではあらゆる粒子の状態は確率的にしか記述できないことになる。それは「一つの事由からは一つの結果があるべし」という、ニュートン以来の物理学の基本思想を揺るがすものだった。

世界は決定論的因果律に従ってはいないのである。

それればかりではない。量子力学の確率波が粒子として観測されるという奇妙な現実に、つじつまの合った解釈をする必要がある。そのためには、観測によって粒子の状態が変化するという、それまでの常識ではまったくつじつまの合わない現象を仮定せざるを得ないのである。この変化も当然確率的であるが、観測者にも観測の設定の余地があって、設定次第で観測結果に変化が生ずる。

観測者の自由意志が世界の進行に影響を及ぼすのである。

そして観測者として世にあるのは、けっしてあなただけではない。世は物に満ちているばかりではなく、観測者にも満ちている。あなたの周りのあらゆる人が観測者たり得るし、人ばかりではなくあらゆる生物が観測者たり得る。それどころか、量子的粒子に感応して信号を発する機械があれば、それも観測者とみなせるかもしれない。量子力学のもっとも不可解な点は、これら他所にいる無数の観測者たちの行動が、いまここで手元にある粒子を観測しているあなたの観測結果に、陰微な影響を及ぼすことである。これが起きるのは、複数の量子的粒子の間に「量子もつれ」という相互関係があるときである。そして実は、物質が嵩をもって存在し、光は形をもたず漂い集まるといった、我々の周りの物たちの見慣れた性質の基本にも、それらの物を構成している粒子たちの一種の量子もつれがあるのである。

世界のすべての粒子も観測者も孤立して考察することはできない。

量子力学は現在の物理学の基本の枠組みであり、これをもって我々は世界のほとんどすべてを理解している。原子ばかりでなく原子核もさらに小さい素粒子も量子力学に従っており、太陽は量子論に従って原子核の反応で燃えている。しかし発見以来ずっと、奇怪で不可思議に思えた量子力学のこれら諸点は、現在も一世紀前とまったく同様に奇怪で不可思議なままである。

量子力学の奇妙な諸性質が、量子力学の不完全さのためだとする説は当初からずっとあった。つまり我々にまだ知られていない、奇妙でなく不可思議でもない、より深い根本理論があって、量子力学はこれの近似理論ないし有効理論であって、現在の我々の実験にかかる範囲ではこれと量子力学の区別がつかないだけだという考え方である。アインシュタインやボームがこの考え方に立っていた。この立場に立つものは必然、量子力学の哲学的基盤についての省察、それに変わる根本理論の探求に向かうことになる。

また一方では、量子力学こそは最終理論で、これが我々の世界理解の常識や直感と一致しないのは、身の回りの非量子的世界に慣れた我々のほうの問題であるとする考え方も根強い。これがボーアやハイゼンベルクの考え方であり、量子論の「コペンハーゲン解釈」とよばれるものである。

大多数の物理学者の考え方は、「とりあえず量子論以外に理論は存在しないのだから、これを最終理論のごとくにあつかって有用な結果を導こう」というもっと実用主義的ご都合主義的なものであって、結果としての態度はコペンハーゲン解釈をとる場合と変わらないことになる。これが「現在の物理学ではコペンハーゲン主義が主流だ」ということの実態であろう。「俗流コペンハーゲン解釈」とでもよべばよいのだろうか。俗流コペンハーゲン主義は今後も物理学界の主流でありつづけるだろう。量子力学の有用性は当面まだ尽き果てることはなく、それは多くの人の参加を必要とするであろうから。そしてまた量子論の存立基盤を問うという営みは、ごく少数の人の限定物であるのが、普通に考えて物理学の健全な姿であろうから。

しかし過去四〇年ほどに起きたことを振り返ると、このごく少数者の量子力学の存立基盤を問う哲学的な探求が、学問の発展に不可欠であることが明確になる。それは「量子情報理論」の興隆である。そこではまさに、量子力学の奇怪で不可思議な性質が、そのまま一見奇怪で不可思議な新技術の開発に結びついた。それは最強暗号RSAを読み解くような量子計算アルゴリズムであり、一方、けっして盗聴できない量子暗号プロトコルであり、そして量子状態のテレポートである。これらが一般社会に波及するのに、あと何十年が必要なのか、まだ誰にもわからない。しかしその日は必ず訪れるだろう。懐疑的に思う人は、マクスウェルの電磁波の理論から今日の携帯電話の地球規模の普及までに要した一五〇年という年月を思い起こすべきだろう。

量子情報理論が成熟期に入ったいま、もし「物理学は身の回りのあらゆることの基礎を理解した」との理解が、またしても蔓延しているとすれば、筆者にはそれはむしろ、新たな芽が出る兆候と感ぜられる。発見以来一世紀を超えた量子力学の、哲学的基盤をもう一度振り返ることはけっして無駄ではないだろう。新しい大きな波を生み出すのは、つねに少数者による時代の主流からはなれての深い省察であるから。そのような省察は、けっして専門家の独占に任せておくべきではないだろう。なぜならそのような少数者とは、往々にして分野の専門家ではなく、むしろ部外者であることのほうが多いからである。

この書を書くにあたって念頭においたのは、一つにはそのような事情である。

ここで試みたのは、物理学にあまりなじみのない、量子力学に関してはその名前以外あまり聞いたことのない読者に、量子論の考え方の基本を、そこに潜む常識から離れた奇妙な論理ごと理解してもらうことである。数学の知識も前提にしていない。本書に「方程式」がほとんど出てこないのは、そのためである。

しかし量子力学の不可思議の探求のために、読者になにか殊勝な心がけが必要なわけでは、もちろんない。書物とは本来、世の愉しみ方の指南としてあるものだろう。量子力学を知る愉しみを、物理学者にだけ独占させておくのはもったいないではないか。量子力学の物語は、実用性や応用技術を離れても、それ自体が大変美しい、鑑賞して面白い、論理空間上に建てられた一種の建築物だと、筆者には思えるのだ。それはちょうどベーラ・バルトークの音楽や、ホルヘ・ルイス・ボルヘスの小説、西脇順三郎の詩といったような、二〇世紀の他の知的創造物と同様に美しい。あるいはそれらの美しさを愛でるには、新様式への慣れと、それに至る鑑賞者の少々の努力を必要とするかもしれない。しかしその努力は、それまでの音楽や小説や詩からはけっして得られない新種の楽しみの報酬で報われると、多数の鑑賞者が語るのは、読者も知る通りである。

量子力学もまったく同様であると、筆者は固く信じている。

本書を眺めて、量子力学についてなにかこれまでにない新しい理解を得た、それで人生がほんの少し愉しくなった、そのように感じられる読者がいたとすれば、筆者の望みはかなったことになる。そのなかからさらに、量子力学についてもっと知りたいと考え、方程式の出てくる本格的な教科書を手にされる方がいたとすれば、それは筆者の望外の幸せである。

本書は二四の章からなっている。各章は独立に読んでもなにかしらのメッセージが伝わるように書いたつもりである。しかし論理的な構築物である物理学の話である以上、なにかを主張するには前提によらねばならず、その前提の正当性はさらに別の前提によっている、という構造は避けることができない。それゆえ、順番に読んだほうが、理解がされやすい部分が多いだろう。

第1章から第8章までの第I部で、量子力学に関する基本的な事実の解説を行った。そこでは量子力学が我々の日常的な常識とどのように齟齬しているかを詳しく書いた。第Ⅱ部の前半、すなわち第9章から第13章までに、その不可解な性質をもつ量子力学を基盤にして、どのように我々の周りのなじみ深い世界が成り立っているのかを説いた。第Ⅱ部の後半である第14章から第16章までには、量子力学にあってもっとも不可解な現象である「量子もつれ」をとりあげ、とくにその量子もつれを巨視的世界で実現し、一種魔術的な「量子テクノロジー」として利用しようとする近年の試みについて書いた。第Ⅲ部を構成する第17章から第24章までにおいて、「宇宙と生命の起源」という太古からの人類の根本的疑問に、量子力学がいかほどの答えを与え得るのかを探ってみた。

多くの章で、他所ではあまり聞けない現在進行中の研究の最前線の話を書いたつもりであるが、もちろん広大な研究領域の一側面がカヴァーされたのみである。触れられなかった重要な話題については、またいずれ機会を改めて書きたいと思う。

エキゾティックな量子

——不可思議だけど意外に近しい量子のお話

目次

イラストレーション・いずもり　よう

I

量子世界の不協和な調和について

腮から血をながして
ひきあげられて来るまでは
あなたは魚ではなかった
——村野四郎「青春の魚」

1　量子の不条理

量子力学は人間の知恵の到達したいまのところの最終地点である。量子力学に基づき極微の素粒子から巨大な星が燃えて老いていく様子を我々は理解する。さらには全宇宙の始源にあった大爆発までをまるで見てきたかのように再現して語ることができる。ところが量子力学には、なにか根本的に奇妙で理解しがたい不可思議な点がある。量子論の予言する物事は、なにか山を覆う霞のように曖昧模糊としてとらえがたい。量子力学は対象を完全には記述しない。量子力学の予言は確率的で、状況依存的である。量子力学にあっては理論の外にある「観測者」が決定的な役割を果たす。観測者の選択によって対象の行く末は変わり、観測者の行為によって世界の進展は非可逆になる。

こうした一見矛盾に満ちた量子力学について語るのに、オーウェル風な自己撞着を標語にすることができるだろう。

粒子は波である

確定は確率的不定である
不可知は完全な知である
ここではこの標語を巡って量子論を考え、この本全体の導入にしようと思う。

1　粒子は波である

量子論の始まりは、波とされていた光が粒子的な性質をもつと考えたプランク仮説であるが、これは一種の歴史的偶然である。論理的にいえば、量子論の始まりは、ド・ブロイの電子の波動性の予言であるべきであった、という議論さえ成り立ち得るかもしれない。いずれにせよ、原子世界にあっては、波と粒子という一見異なった二つのものが、一つの実体の二つの現れなのだと認識されたのが、量子力学のはじまりである。我々の周りの世界を粒子と波に分けて考える言論的世界認識は、非常に基本的なものであるような気がする。かたや嵩をもちある空間を占め重さと触感をもつ「粒子」、かたや空間を隅々まで満たしているがとらえどころがなくどこか霊的なところのある「波」。思えば光に関して、ニュートンは粒子説とは同説の両方を提出している。この二元論的分裂が解消されて、存在はすべて粒子であり波であるということが解明されたのが量子論の主要な成果のひとつである。

波を記述する際に必要となるのが「場」の概念である。空間の各位置に「振幅」とよばれるある値が張り付いている。この波の場を「波動関数」ともよぶ。波が起こるとは、この場、ないしは波動関数が時間的に変化し、振幅の山や谷が隣接地点へどんどん伝わっていくことである。波は障害物があっても回折し拡散する。波は干渉して縞模様をつくる。一方で我々が（比喩的にいって）手にとるとき、電子は粒子である。「波に手を入れると粒子が取り出される」わけである。このときいったいなにが起こるのか、量子論とはこれに対する答えを巡る知的格闘なのである。

2　確定は確率的不定である

波に手を入れると粒子が取り出される、とはいかなることか。これに対する手短な答えが「確率波」の概念である。

その前提として確率分布について知る必要がある。量子が空間のどこで見つかるかは一般には不定で、確率的である。各場所で見つかる確率がその場所での波の大きさと関連している。確率は正でなくてはならず、また足し合わせると1であるが、量子の波は正でも負でもあり得て、それどころか一般には複素数である。確率は波動関数の絶対値の自乗で与えられる。確率を与える波動関数という意味で、量子の波を確率波と称するのである。

観測すると「波が収縮する」といわれるが、収縮した後も実は波である。ここで決定的に重要なのが「相補性」の概念である。これによるとある性質に着目して波が収縮したとすれば、必ず相補的な性質があって、その性質に着目すると波は広がっているのである。相補性のために粒子の性質は一般的にいって確定せず確率的である。物事の行く末はある幅をもってしか予言できない。相補性の数学的表現が観測量の非可換性であり、不確定性原理である。

3　不可知は完全な知である

相補性のために、我々には粒子の物理量に関する完全な知識はけっして得られない。ある性質が確定すると、その相補的な性質は不定で確率的になるから。量子論では一般に物事はすべて確率的なので、我々の知は本質的に制限されていることになる。これはまた観測結果が粒子の波動関数を変化させることをも含意している。さらには測定結果を得る前にすでに、測定の設定自体が粒子の行く末に影響を与える、ということになる。測定者の決定が世界の進行に決定的な寄与をするのだ。そもそも「確率」とは我々の無知の告白に他ならない。なんらかの制限で対象に対する十分な知識がないとき、我々にはその対象の行く末が確率的にしか予言できない。量子論が告げるのは、我々の知に原理的な限界があって、対象のなにかの性質についての完全な知識を得ると、それと相補的な性質に関する完全な無知が招来される、ということである。

観測の設定が物事の進行に影響を及ぼすのに、その設定を行う「観測者」について理論の中にはなにも記述のないことも量子論の特異な点である。観測者について我々はまったく無知である。量子論は局面局面ではつじつまが合っているが、この仕組みからして世界全体の記述とは成り得ない構造になっている。

我々の自然界に関するもっとも深い知識はいまのところ量子論をおいてない。すなわち我々のもつのはそのなかに二重に無知を包含した世界観であり、ひょっとするとこれが人間の認識に望み得る究極のことなのかもしれない。量子力学の根幹に、我々の日常の論理からすれば異常な点が多々あるとすれば、それらが我々の日常世界に噴出している場面はないのだろうか。量子の不可思議の多くが、原子の世界の中だけに隠されていて、我々がそれとは何十億倍という隔絶したスケールの日常を生きているにしても、これは誰でもが抱く疑問であろう。

実はそれはいたるところに見いだされる。

天に輝く太陽の光を、量子力学以前の人間は理解することができなかった。夜空を彩る無数の星屑が、なぜどのようにしてそこにあるのかを、我々は量子力学の助けを借りて、いまようやく理解し始めている。幾億年の星々の生涯が、幾十億年の宇宙そのものの歴史が、いまだぼんやりとながら、量子の透視鏡に映っているのである。

太陽の輝きを地上に再現しようとする原子力の制御、我々はこれにいまだ成功してはいない。それは原子核反応の量子力学的な制御が、我々の現有の技術の水準をまだはるかに超えたものだからである。その一方で制御可能な量子力学的技術の成果が、我々の日常を満たしているのも疑いのない事実である。我々の身にまとう繊維から、我々の長距離移動を支える飛行機や車の素材まで、綿でもなければ木でもなく鉄でもない、といった奇妙な性質をもつ新素材が、日々地上に増えていく。いまやほとんどの人が身に帯びていて、それが人びとの間の相互関係を支配しているようにさえ思える「携帯電話」。この不可思議な魔術の道具は、半導体物質構造の量子的制御の賜物である。そしてそのはるか延長線上にあって、いま世界中の大学や研究所の実験室を賑わせている「量子精密制御」、すなわち電子や光子一個一個の量子的制御は、遅かれ早かれいずれ人類を次の技術階梯へと導くことだろう。

しかしそれらにも増して量子力学の神秘を内包しているのは、我々自身、すなわち人間であり生命である。生命活動の根幹に量子力学がある。我々の視覚の感度と反応性は量子力学なしでは説明できない。触覚や嗅覚、おそらくは五感のすべてが量子力学抜きでは理解不可能なことが近年いよいよわかってきた。そして生物のすべての運動の根源である細胞の分子モーターは、量子力学の原理で動く極微のマイクロマシンである。

こう考えてくると必然、ある問いを抑えることができなくなる。我々の脳はどうなのであろうか。我々の精神活動は、なんらかの量子力学特有の不可思議な原理に基づいていないだろうか。

この問題に関しては、いくつかの試論と推測があるのみで、答えの手がかりすらないというのが正直なところであろう。しかしこれが量子力学の本質にも拘る重要問題であることだけは疑いを入れない。量子力学に不可欠の「観測者」の実体に迫る可能性があるためである。いまのところは規定を欠いた単なる抽象的自我としてのみ想定されている量子力学の観測者が、量子力学をもとに組み上げられた構成物として理解されるならば、そのときこそ量子力学が、万人に納得できる理論として完成したといえるだろうから。

2　量子の不思議な部屋

(1) 夢の教室の廊下を行き交う蹴鞠

原子の世界で生起している事象をよくよく眺めてみると、そこではとても奇妙な、一見つじつまの合わないような現象でいっぱいである。しかし実際に起きている現象に「つじつまが合わない」といっても始まらない。つじつまの合わないのは、現象そのものではあり得ず、むしろ現象を理解するための我々の認識の枠組みのほうなはずである。量子力学は原子世界の奇妙な諸現象に、一貫した記述を提供する現存する唯一の理論体系である。一見つじつまが合わない現象を体系立てて整理すると、そこに立ち現れたのは、数学的には首尾一貫しているが、我々の根本的な認識の常識と齟齬する不思議な理論であった。

そんな量子力学を理解しようと、ここではまず手始めに、量子的状態、固有状態と状態の測定についいて、一次元を運動する粒子の状態を例にとって見ていこう。

非常に細く長い伝導線の中、あるいは細い中空のチューブの中を、電子が一つだけ自由に行き交っているのを想像してみよう。電子の運動は量子力学に従うはずである。あなたが突然このチューブのスケールにまで縮められたとしたら、いったいなにが見えるだろうか。直線上に置かれた電子について調べようと、あなたは量子力学の教科書を開いてみる。数頁読んだところで眠くなってくる。

あなたの手元に大きな本がある。あなたはこの本のどこかにあるはずの、シュレーディンガー方程式について書かれた頁を探している。各頁は非常に薄い紙でできていて、何度本を開いても、あなたの指でいくら頁を繰っても、特定の頁は開けない。同じ頁を二度開こうとしても、いつもでたらめな違った頁が出てくるのである。そこであなたは目覚めた。真理の一行を探して、こうして永遠にでたらめな頁を開き続ける悪夢について、一度どこかの本で読んだように思い、それがなんの本か考えているうちに、また眠気が襲ってくる。

あなたは古い小学校の教室にいることに気がついた。たぶんこれは夢の中なのだろう。教室の様子は古い物と新しい物が少し妙に混じり合っている。教卓の後ろの黒板は電子式で、その一角にディジタル式の表示板がなにかの数字を示している。廊下に面した壁には曇りガラスが嵌った窓が穿ってある。曇りガラスをトントンと叩くと、数秒のあいだ曇りが晴れて、廊下の様子が見渡せる。廊下は幅が極端に狭く、両方向はどこまでもずっと伸びているようで、視界内には端が見えない。そう思っていると、すぐにまた窓は曇ってくるのだった。

ときどき廊下からびゅんとなにかが飛んでいるような音が聞こえてきて、そのたびに前の表示板に意味の不明な数字が表示される。廊下を確認しようと曇った窓ガラスを叩く。曇りがとれた瞬間、廊下のある位置になにか暗い色の蹴鞠のような物が落ちているのが見えた。飛んできた蹴鞠であろうが、音から察してけっこうな勢いだったので、なぜこんなところに落ちているのか、あなたは少しいぶかしく思う。表示板を見ると、もう表示は消えていた。

少し時間が経って、また蹴鞠が廊下に飛来したのか、びゅんと音がする。表示板はさっきとまったく同じ数字を示している。この表示板の数字は速度を示しているのではないか、とあなたは直感する。また窓の曇りガラスを叩いて廊下を見ると、こんどは蹴鞠が二つ落ちている。一つは先ほどのもので、新しいほうの蹴鞠はさっきとはだいぶ離れた別の位置にある。速度表示板は消えている。ほどなくすると、

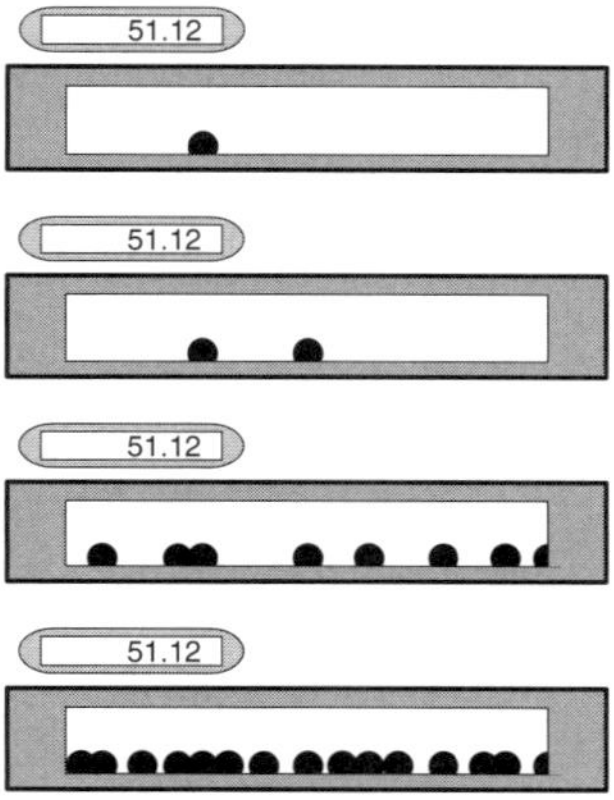

また蹴鞠の飛んでくる気配があって、表示板には同じ速度が出ている。窓を晴らして廊下を見ると、新しい蹴鞠がまた別な位置に落ちており、目を表示板に戻すと速度は消えている。

それからはこの繰り返しである。

びゅんという音がして廊下を確認するたび、新しい蹴鞠が増えていくのだが、落ちている位置は毎回まったくでたらめで、飛来音がしてから廊下を覗くまでの時間となんの関係もないようである。これが何度も何度も繰り返されて、しまいに廊下中が蹴鞠でいっぱいになっている。それら蹴鞠の分布はまったくでたらめで、とくにどこかに多く集まったり、どこかが少なかったりということもない。同じ速度で飛んできたはずの蹴鞠は、その位置を確認するたびに廊下のあらゆる位置に同様な確率で見つかるようである。

一〇分くらいも経ったのだろうか、あなたが少し飽きはじめた頃、今度は廊下を誰かが歩くような音と、ほうきで掃いてでもいるような音が聞こえる。あなたは驚いて窓を叩く。廊下は空っぽで蹴鞠の陰もなくなっている。

ふと思いついて、速度を表示する掲示板に近づいてみた。パネルのすぐ下になにかスライド式のレバーがあるのが見えた。レバーを少し動かしてみる。少しして次に廊下を蹴鞠が飛んでくるとき、びゅんという音が、心なしかいままでより高めである。パネルにはこれまでより大きい数字が表示されていた。この数字は廊下を飛び交っている物の速度なのではないか、とあなたは直感する。そしてレバーは飛んでくる蹴鞠の速度を制御するものなのだろう。曇りガラスを叩くと曇りが晴れて蹴鞠が落ちている。位置はいままで同様、でたらめのようである。

あなたの昔通った小学校の教室でこれに類することがなにかあったのだろうか。いぶかしく思っている時点で目が覚めた。あの蹴鞠には以前どこかで出会った気がする。カフカの何かの小説であろうか。あなたは夢の中で起こったことを思い返してみる。

＊ 蹴鞠が一定速度で廊下を飛んでいる。速度は調整できる。
＊ 位置を確認しようと窓をのぞくと蹴鞠の位置は確定する。
＊ 蹴鞠はあらゆる位置にランダムに見つかる。
＊ 位置を確認した時点で速度は不明になる。

うたた寝から覚めたあなたの目の前には量子力学の教科書がある。寝入る前になにをしていたのか思い出して、また本を読み進めていきながら、だんだんとあなたに夢の意味が理解できてくるのだ。この蹴鞠は量子的粒子で、速度が決まると位置は不定となって、確率的にいろんな値をとる。また位置が決まると今度は速度が不定になる。位置と速度はどうやら同時に決まらない「相補的」な量なのだ、と。

こんなことが起こるのは、速度表示板と一瞬だけ見える窓があって、一度には一方の情報にしかアクセスできないという観測上の制限のせいなのだろうか。それとも廊下を行く蹴鞠の実際の現実が、一方が観測で決まれば他方は確率的で不定になる、という具合なのだろうか。廊下に踏み込んで蹴鞠の動きを目にできなかった以上、どちらなのかをいうのは不可能である。もしくは、どちらかの区別をつけることに意味がないともいえる。

（2） 閉じられた廊下

教科書を読み進めると、ほどなくまた眠気が襲ってきた。そしてあなたは別の夢を見た。舞台はさっきのに酷似していた。ただ廊下はずっと続いてはおらず、二つの方向とも防火壁のようなもので区切られている。蹴鞠はどうも防火壁に跳ね返ってその間を行ったり来たりしているらしい。教室の中をよく見ると、前にある電子掲示板の様子が少し違っている。速度の一つの実数の代わりに、一つの整数と一つの実数が表示されている。レバーを弄ってみると、今度は自由にスライドできず、どうやらいくつもの決まったポジションの間をカタカタと動いて、必ずそのポジションのどれかにレバーが止まるようになっている。

整数の表示はどのポジションかによって決まっていて、レバーをカタカタと一番左のポジションにもっていくと「1」が、その右のポジションだと「2」が、という具合になっている。レバーのポジションを決めると廊下から、蹴鞠が飛び交うらしいびゅんびゅん音と防火壁を打つようなゴンゴン音の混じったものが聞こえてくる。その音は、整数の表示が「1」の場合よりも「2」の場合が、それよりも「3」の場合が、より騒々しくなるのがわかる。実数の表示もそれに応じて大きな値を示す。これは蹴鞠のエネルギーを表示しているのだという考えがあなたにひらめいた。

どうやら今回の蹴鞠の運動は1番目、2番目、3番目、と順番づけられる状態のみがあり得て、騒音と表示から判断して、それらはそれぞれ決まったエネルギーをもっており、そのエネルギーは1番目よりも2番目が、それより3番目が、という具合にだんだん大きくなっている。とりあえずレバーを一番左の定位置に入れて、エネルギーの一番低い状態に蹴鞠を置いておく。そこで曇りガラスを叩くとガラスが一瞬晴れ、廊下に落ちている蹴鞠が見える。窓が晴れるのと同時に、状態の番号とエネルギーを表示した電光表示板が消えるのは、前とまったく同じである。

少しすると、廊下にまた別の蹴鞠が入れられでもしたのか、さっきと同じような騒音が聞こえはじめ、表示板は前と同じ番号1番と、それに対応するエネルギーを表示している。曇りガラスを叩いて廊下の蹴鞠を見ると、予想通り二つ目の蹴鞠が、さっきとはまた別な位置に落ちている。これを何度も繰り返していると、今回も蹴鞠の落ちている位置は毎回ばらばらである。先ほどと違うのは、でたらめな位置に落ちるようでありながら、落ちたたくさんの蹴鞠から、あるパターンが浮かび出てくることである。

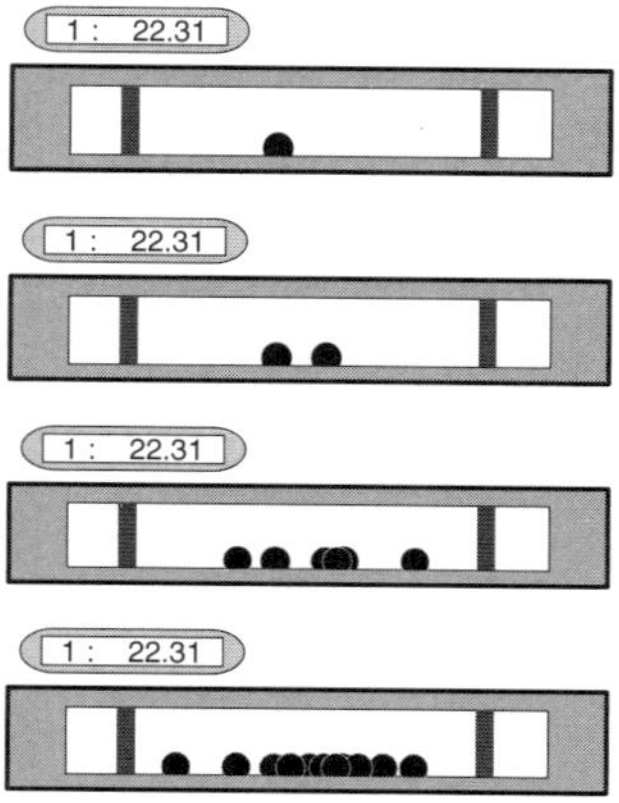

両方の防火壁のあたりに蹴鞠が見つかることはほとんどなく、それから離れると数が増えてきて、ちょうど真ん中あたりで、一番多く見つかるようなのだ。

そうこうしているうちに、廊下に人が入ったような気配があって、ほうきで物を掃くような音がしてきた。窓を叩いて廊下を見ると、案の定そこは掃き清められて蹴鞠は一つも残っていなかった。あなたはもう少し遊んでみることに決め、前のレバーのところに行く。レバーをいろんな定位置に入れて、いろいろな違ったエネルギーの運動状態にして、繰り返し蹴鞠の位置を確認する。違ったレバーの位置では蹴鞠の散らばっているパターンに、はっきりとした違いがあるのがわかる。整数2が表示されてエネルギーが二番目に低い状態だと、両方の防火壁あたりと、ちょうど真ん中あたりの三ヵ所が蹴鞠の見つからない空白地帯になっていて、それらの中間でたくさんの蹴鞠が見つかる。整数3でエネルギーの三

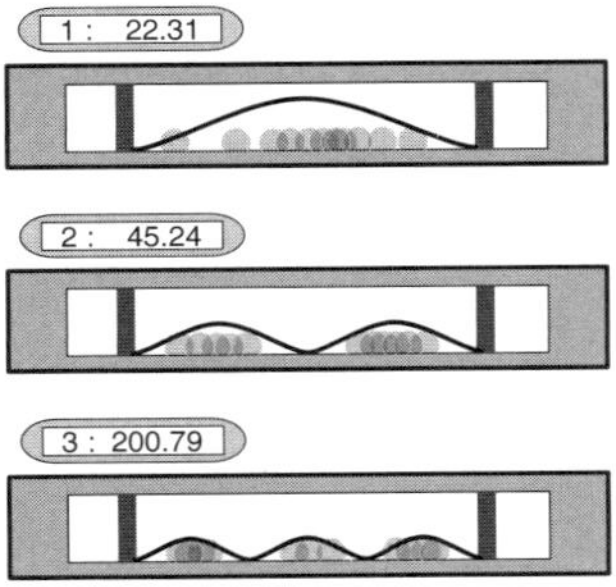

番目に低い状態だと、両防火壁あたりと、両方のあいだ1／3、2／3の四カ所が、蹴鞠の見つからない空白地帯になっていて、それらの空白地帯のちょうど中間にたくさんの蹴鞠が散らばっている。

あなたはまだ夢の覚めないのを怪しみながら考える。これって両端を固定して張った弦の定常波のパターンに似ているなあ、と。どうやら両端を防火壁で閉じられた廊下のなかの蹴鞠の運動は、まるでそこに弦の波動が立ったかのように、腹の一つの定常波、腹の二つの定常波、腹の三つの定常波、といったパターンになっている。そのようなパターンに対応する運動のみが起きているらしいのだ。そしてそれはそれぞれ特定のエネルギーでのみ起こるのだ。弦の定常波でも、こういう許される定常波のパターンごとにとびとびのエネルギーがあって、あれは確か「固有エネルギー」とか「エネルギー準位」とかいったはずだった。

夢から覚めたあなたにはいまやすべてが明確である。

両端を封じられた廊下にある量子的な蹴鞠は、とびとびのエネルギーをもつ状態のみが許される。それらの状態にある蹴鞠の位置を観測すると、それは確率的にいろいろな場所で見つかるが、確率の濃淡に空間的なパターンがあって、このパターンはまるで廊下のなかに定在波が立ったような様子をしている。教科書に戻っていままでの夢と考え合わせて、あなたは次の結論に達する。量子的な蹴鞠は、位置を確認するとつねにどこかに見つかる粒子だが、見つかる位置は確率的である。その見つかる確率の空間的濃淡は、まるで波のようなパターンを示す。これが量子的な粒子が波の性質をも合わせもっている、ということの意味である。

でたらめに見つかる粒子の位置が波のようなパターンに分布するのはどのような機構なのだろうか。一つの考えは、実際にそこになにかの波が立っているという考え方である。粒子があると周りの環境に応じてなにかの波が発生する。そして粒子の運動は、なにかその波の濃淡に応じて粒子の位置取りの頻度が決まるような具合になっている、というのである。粒子の運動を先導するこの仮想的な波のことを「パイロット・ウェーブ」とよぶ。

パイロット・ウェーブが仮に存在するとして、この波にはかなり不思議な特殊な性質があることがわかる。誰かが粒子の位置を確認すると、必ずどこかの位置に見つかるわけであるから、この瞬間の粒子の存在確率はそこだけに限定されているので、そのときのパイロット・ウェーブはその位置にピークがあり、他の位置ではゼロになっていると結論せざるを得ない。つまり広がっていたパイロット・ウェーブは誰かが観測した瞬間に一点に収斂する。そんな特殊な性質をもったパイロット・ウェーブなら、そもそもそんなものを仮定する必要が本当にあるのだろうか。量子的粒子は観測しない間は空間的に広がった確率を表す波として存在し、観測の瞬間にこの波が一点に収束して位置が確定する、と言い換えてしまってもよいではないか。このほうが思考の経済にかなっているだろう。こう考えた場合の粒子の確率的分布を表す波のことを「確率波」とよび習わしている。量子的粒子の位置の観測は確率波を収縮させることになる。

(3) 円形の廊下

あなたはまた教科書を読み進めようとする。しかし注意はすぐそれてしまう。眠いというのでは、もうない。代わりにあなたの閉じたまぶたの裏には、廊下を飛び回る蹴鞠の幻影が、白昼夢のように踊っている。

今回あなたに見えるのは、円形の廊下に囲まれた丸い教室である。廊下に面した円形の壁面の一角に、やはり最後の夢と同様な電光表示板があって、整数と実数の二つの数字を示している。その下に、多くの決まったポジションをとれるレバーがあるのも同じである。そしていうまでもなく、こんこんと叩くと晴れて廊下を覗けるようになる曇り窓がある。レバーをどこかのポジションに入れる。廊下を蹴鞠の飛び回る音が聞こえてきた。表示板に整数の番号と、実数で表示された蹴鞠の運動のエネルギーが読みとれる。

あなたは考える。ここで起こっていることも、本質的には前回の夢と同様だろう。蹴鞠は廊下を円状に駆け巡るが、窓が晴れて廊下を覗くたびに、どこかに止まって落ちて見えるだろう。繰り返し廊下を覗いて落ちた蹴鞠を集めると、見つかった位置の確率分布を示すパターンが見えてくるだろう。そのパターンは波の形をとるだろう。もうあなたには曇り窓を叩いて廊下を覗く必要もない。確率波のパターンは、円形の廊下にちょうど収まるような波長のものだけだろう。一番エネルギーの低い蹴鞠の状態は節、すなわち確率ゼロの位置が二つで腹、すなわち確率最大の位置が二つになっているだろう。次にエネルギーの低い状態は節が三つで腹が三つになっているだろう。

ここまで考えて目を開けると、ちょうど教科書の一節が目に入った。

このド・ブロイの物質波の考えを、原子核を周回する電子の円運動に適用してみよう。すぐにわかることは、波の節と腹の位置がうまく軌道円に収まるような、ある種の波長の物質波だけが存在を許されることである。これが核を回る電子の「量子固有状態」である。その結果、固有状態における電子のエネルギーは、連続なあらゆる値ではなく、とびとびの「離散的」な値のみをとれる。この現象を「エネルギーの量子化」とよび、そのようなとびとびのエネルギーを「量子固有エネルギー」とよぶ。このようにして物質波の考え方から原子の中の電子の運動の「離散的スペクトル」を導きだすことができるのである。もっとも低いエネルギー固有状態を基底状態、それ以外のエネルギー固有状態を励起状態という。

そして前のほうのページを繰っていると、次のような節があるのにも気がついた。

ド・ブロイの考えたように、もし電子が波としての顔をもつとすれば、たとえば一次元的な直線上を一定速度で運動する電子は、進行波として存在しているはずである。この波は一次元空間のあらゆる場所に広がっている。一方電子を実際に取り出そうとすると、波ではなく粒子として観測される。それはいったいどこで見つかるのだろうか。この奇妙な状況を救ったのがボルンの確率波仮説であった。それによると粒子の存在にともなって現れる物質波とは、粒子を観測したとき、それが見つかる位置ごとの存在確率を表している。一次元直線上に広がった進行波を物質波としてもつ電子は、観測をするとその直線上のあらゆる場所に見つかる可能性をもつのである。

3　量子と確率と主観主義

（1）量子的な粒子の波動的確率分布

ここまで蹴鞠のたとえ話を使って説明してきた、電子の一次元的な運動の量子論をまとめると、次のようになる。

＊　電子は空間のなかに広がる波として存在していると考えることができる。
＊　電子の位置を観測するとつねに粒子が見つかり、それはいろいろな場所で確率的に見いだされる。
＊　場所ごとに電子が見つかる確率の多寡が、その場所の波の高低で与えられる。
＊　閉ざされた空間内の電子は、そこにきちんと納まる波としてしか安定に存在できない。
＊　閉ざされた空間内の電子の固有状態は、「量子化された」とびとびのエネルギーをもつ。

この話の中心にあるのが、「確率を表す波」という概念である。そこでこれについて、もうすこし詳しく見ていこう。はじめに考えるのは前章の最初の例、粒子の速度が確定しているときに、その位置を観測すると、一次元直線上のあらゆる位置に完全にランダムに見つかる、という状況である。見つかった位置を数字で表す座標を用意すれば、その数字が「乱数」で与えられる、というふうに言い換えてもよい。

ここでいう「等確率」または「完全にランダム」という言葉の正確な意味はなんなのだろうか。確率というからには、決め得る限り同じ条件を用意して、繰り返し量を測定することを含意している。たとえば「速度が〝241〟と出た後、位置を測るとすべての値が等確率で出る」というのは、正確にいうと「速度が〝241〟と出た後、その状態の粒子の正確なコピーを無数につくって、それぞれについて位置を測定すれば、一つはこちら、別なのはあちら、また別なのはそっち、といった具合に出て、たくさん集めると、どの位置も同じくらいに見つかる」ということをいっているのだ。

実際にはコピーをつくるわけではないので、位置はなにか一つの値が出る。しかし仮に時計を巻き戻して改めてやり直す機会があったとしたら、今度はなにか別の値が出て、またやり直したらまた別の値が出て、これを無数に繰り返したらどれも同じくらいに出る、と言い換えてもよい。

もし位置を示す値をグラフの横軸に書いて、縦軸にその値が観測される相対頻度をプロットしたらどうだろう。相対頻度というのは、ある値が出た回数を繰り返し測定の総数で割ったもののことである。つまりプロットされた点の縦軸の値は全部足すと一になるのである。十分な回数の繰り返し測定を行った後、これはどこも高さが同じグラフになるだろう。つまりはこの「直線」がこの場合の等確率性を表しているわけである。

速度を一定にした量子的な粒子について、位置を観測すると等確率であらゆる値に見つかったわけであるが、実はこの話で速度と位置を逆にしても同じことが起こる。仮にどこかの場所に粒子が見つかったとする。これについてその速度を計測できる仕組みがあったとして、それを用いて繰り返し速度を観測する。その結果は毎回バラバラで、右向き左向きにいろいろな値がどれも同じように出てくる。速度を示す値を横軸に書いて、繰り返し測定で観測される速度ごとの相対頻度を縦軸にプロットしてみる。繰り返し回数を十分多くすると、どの速度も相対頻度が同じであることを表す直線グラフが得られる。位置の確定した粒子の速度を観測すると、あらゆる位置に等確率でランダムに見つかることを、この直線が表しているわけである。

このような「等確率」の考え方をもっと一般化したのが「確率分布」という概念である。

前章の二番目の例を考えてみよう。両端を壁で閉ざされた一次元空間内の粒子は、エネルギーが特定の値をとる場合に安定な固有状態となる。そのような固有状態の一つにある粒子について、位置の測定を行う。一度測定を行いそれを数値にすると、それはなにかの値、たとえば〝46〟になる。仮想的に測定前の状態に戻ってやり直すことができたとすると今度は〝マイナス189〟になる。もう一度やると今度は〝121〟になる、というようなことを何百回、何千回と繰り返すのである。各々の値の出る相対頻度を、横軸に位置の目盛りを振ったグラフの縦軸にプロットしてみる。すると壁の両端に相当する位置でゼロになっていて中がふくれているパターンができてくる。このような仮想的測定を繰り返す回数が十分になると、それ以上回数を増やしてもこのパターンは不変になるだろう。そのような極限のパターンが「確率分布」とよばれるものである。この確率分布のグラフ、またはそれを表現した数式（この場合は三角関数）から、どの位置にどのくらいの確率で粒子が見つかるかが読みとれる。

そしてこの確率分布が「量子的粒子の波」の実態である「確率波」そのものである。

（2）相補的な物理量、両立しない観測

この両端を壁で閉ざされた一次元空間内にある、エネルギーが特定の値をとる固有状態にある粒子について、繰り返し速度を測定することもできるだろう。この場合も結果は一つに確定せず、毎回バラバラになる。そして測定された速度の相対頻度のグラフが、粒子の速度の確率分布を与えている、ということになる。位置と速度は一種の対称性をもっていて、位置について成立する言明は、位置と速度を入れ替えても成立する。後に見るようにこの対称性は、速度を「運動量」という概念で置き換えてより完全になる。

粒子について、「位置」と「速度」のように、一方を決めると他方が不定になって、完全にランダムな確率分布で与えられるような二つの物理量がある場合、これらを相互に「相補的」であるという。位置と速度は相補的である。相補的な物理量は同時に確定しない。これは一面「片方が立てばもう一方が立たない」という、我々の周りにもよく見られる現象の一種であるようにも思える。近いものに焦点を定めると遠くが見えず、遠くに定めると今度は近くが見えない我々の目といったような。しかし量子的

な相補性で決定的に違うのが、観測が物の状態自体を変えてしまうという点である。

速度が一定の粒子があったとする。仮想的な位置の繰り返し測定を考えると、その結果はどの位置にも等確率で見つかり、それは一様な確率分布で表される。実際に測定を行うと、どこかの位置に見つかる。この時点での確率分布は、その位置に見つかる相対頻度1、他のあらゆる位置に見つかる相対頻度は0、という一本の棒のグラフで表される。実際それに続いてもう一度位置を観測すると、粒子はさっきと同じ位置に見つかるはずである。観測を行うことにより、位置が確定し、その結果粒子の状態は観測以前とは別の、新しい確率分布で表される状態に移行したことになるのである。

一般的にいって、量子的な粒子がある状態に置かれているとき、その状態は粒子の位置の確率分布を表す確率波をもって表現される。この状態について位置を観測すると、この確率波の示す確率で粒子が観測される。観測された瞬間に、粒子の位置は確定し、そこでのみ1で他の位置でゼロの棒状のグラフで表される確率分布に、粒子の状態は移行する。確率的な不定性と、観測後の確定した状態というのを両立させるためには、このような「観測による確率波の収縮」を想定せざるを得ないのである。

確率分布という概念を軸に、量子的粒子の状態をもう一度まとめると、次のようにいえるだろう。

粒子は、観測によってある物理量の確定した状態になるがゆえに、それと相補的な物理量でみると、複数の状態が確率的に併存する、いわば宙ぶらりんの状態に置かれることになる。そしてそのような確率分布で記述される状態こそは、実は量子的粒子の本質的な属性なのである。そしてもちろん、確定した一つの状態というのも、そのような確率分布の一つに含まれる。二つの物理量が相補的であるという

ボーア

ことは、同じ一つの状態を、確定した一つの状態とも、多くの状態の混合した確率分布で表されるものとも、両様にみなしてよいということである。すなわちある物理量の一つに確定した確率分布は、相補的な物理量の確定した状態が複数混じった確率分布で表される。確定は不確定であり、不確定は確率分布で表され、確率分布こそ量子状態を特徴づけるものなのだ。物事の推移が確率的にしかわからないというのは、我々がいくら努めても物事の完全な知識には達し得ないということを意味している。

我々が直接見ることもできず、触ることも測定することも困難なミクロな世界で、物理量が不確定になって確率分布でしか表せないというのは、それほど驚くべきことではないのかもしれない。それはたとえば、目隠しをされたまま、万年筆の先だけで机の上のビー玉の位置を決めろ、といわれた状況を思い描けば、容易に理解されるだろう。そう考えるとむしろ、相補性を鍵概念として、粒子の状態について確率的ではあっても明確な数学的な言明が可能であることこそが、驚くべきことのようにも思えてくる。

量子力学における相補性の概念には、提唱者であるニールス・ボーアの個性がはっきりと刻印されている。青年時代のボーアは、同じデンマーク人の哲学者、セーレン・キルケゴールの思想に心酔していた。著書『あれかこれか』においてキルケゴールは、それぞれに魅力のある両立しない価値観の間の、自由意志による選択と断念こそが人生の実体だと説いている。ボーアは、自らが主導して建設しつつある量子力学的世界観の中核に、矛盾する二つの善、二つの正義、二つの現実からの実存的選択というキルケゴール思想との照応を見ていたのかもしれない。

（3） 主観確率

通常の確率論は「頻度主義」に基づいている。物事にランダムさがあるとき、同等に起こり得る事象の数を数え上げて、いま想定される事象の数の、その中での比率を考えるのである。いわゆる「場合の数」の勘定である。これに対して、ちょっと違ったふうに確率を考えるやり方に「ベイズ主義」の確率論がある。ベイジアン確率、主観主義確率、などともよばれる。

具体例ではじめるのが一番よいだろう。

コーヒー屋の景品に、一風変わったやり方のくじ引きがあった。五つのくじから引けて、一つだけが当たりである。あなたはまずどれかを選ぶように店員にいわれる。一つのくじを選ぶと、残りの四つのうちから、その店員の青年が二つを開いて、「この二つははずれです」という。そして微笑みながら「選び直してもよいですよ」というのである。

さて選び直すべきだろうか？

場合の数の考え方でいくと、選び直す理由はまったくないように思える。なぜならさしあたりどのくじも確からしいので、どのくじが当たる確率も1／5であって、それは二枚のはずれくじが開示される前と後とで、なにも変わりがないではないか。あるいは残った三枚のどれも1／3で当たるはず、といっても同じである。

「そうとは限らないのでは」とベイズ主義者はいう。

はずれくじを開示するために、あなたの選ばなかった四つを確かめていた店員の青年の目に、あなたはなにかを読み取ったのだ。なんとなく彼が、その中に当たりを見て、かすかに表情を変えた気がするのだ。あなたは考える。残りは三つだが、あなたの最初選ばなかったほうに当たりがある確率のほうが、最初に選んだものが当たりである確率より、だいぶ高そうである。その比率を（すこし当てずっぽうに）8対1くらいかな、と思ったとする。つまり最初に選んだくじが当たる確率が1／9で、開示されなかった残りのほうに当たりがある確率が8／9と感じたのである。すると残りのほうは二枚なので、そのうちの一つが当たる確率は8／9×1／2＝4／9と推定できる。

するとこれは、最初に選んだくじの当たる確率1／9より四倍も高いではないか。あなたは当然、残りの二つから、どちらか一つを選び直すことにする。これが主観確率の考え方である。

もし店員がくじを開示するときに、あなたの選んだくじをちらと見たと感じたとしてみよう。たぶん当たりは残りのほうにはなく、あなたの選んだのがそれだろう、その確率は1対4くらいではないかと思えたのだ。すると最初に選んだくじが当たる確率は4／5である。開示されなかった残りのほうに当たりがある確率は1／5で、これには二枚あるので、そのうちの一つが当たる確率は1／5×1／2＝1／10ということになる。選び直す理由はさらさらない、となるだろう。

このようにベイズ確率論では、物事がどれだけの確かさで起こりそうかについての、あなたの主観的な信念を数値にしたものが確率である、と考えるのである。そして事象の進行とともに、あなたの信念が、生起した事象や生起しなかった事象に応じて、更新され変わっていく、と考えるのだ。

ベイズ確率の計算に、いま述べたような、いささか恣意的な意味の「あなたの主観」を、かならず考慮する必要があるというわけでもない。

店員の青年が開示の際にまったく無表情だったとしてみよう。最初と状況はなにも変わっていない、とあなたは思う。この場合はどのような信念に達すべきか。最初に選んだくじが当たる確率は1／5、残りに当たりがある確率は4／5と推定されたことを、あなたは思い起こす。残りのうちから二枚はずれが排除され、二枚になっている。すると残りのほうのどちらかに当たりくじがある確率は、4／5×1／2＝2／5と推定される。これは最初に選んだくじの確率1／5の二倍も高いので、当然選択を変えて、こっちを選ぶべきである。

「それはおかしい、私の計算と一致しない。開示前後で確率が変わるはずはないではないか」と頻度派はいう。

さてなにが正しいのだろうか。これを決めるには実際の実験をして確率を計算するのがよいだろう。いまならコンピュータ上で簡単にシミュレーションをすることもできる。結果はベイズ確率に一致している。あなたが最初に選んだくじに当たりが見つかる確率は1／5、はずれを開示されたあとに残ったくじに当たりが見つかる確率は2／5だったのである。

慌てた頻度派は真っ赤になって怒る。そんなはずはない、実験が間違っているのではないか。しかし頭を冷やして落ち着いて考え直してみることにする。もし店員が、残りくじからでたらめに二枚を排除したなら、残った二枚の当たる確率は最初と同じ1／5ずつで間違いない。しかし店員がここでやっているのは、それとは違うことである。一度でたらめに排除したくじの中に当たりがあれば戻す。また新たにでたらめに二枚排除して確かめる。そして排除されたくじが両方はずれになったとき、はじめてこれらを開示することに相当しているのだ。丹念に勘定すると、店員の行動は、あなたの最初に選ばなかったくじが当たる頻度を、たしかに変えて二倍にしているのである。

結局めでたい大団円となる。頻度主義で計算してもベイズ主義で計算しても、この問題の答えは同じである。頻度主義で扱える問題については、頻度主義で正しく計算された答えを、ベイズ確率はいつも再現する。こうしてみるとベイズ確率を、頻度主義の確率をもその一つとして含む、より広い考え方と考えることもできる。そして理論がより広く一般的になった理由が「主観」の導入なのである。

確率論は我々の周りにある「不可知」と、どう折り合い付き合っていくかという学問だろう。どうもこれに対する態度が二種類に分かれるような気がする。ある人びとは、世の中はその気になれば知り尽くせるから、確率は単なる虚構に基づく便法だと直感している。別な人びとは、世の中は本質的に不可知で不可解なので、確率現象は我々の自然界理解の不可欠の一部だと感じている。

ここでは仮に前者を「合理主義者」、後者を「懐疑主義者」とよぶとする。確率論における「頻度派」と「ベイズ派」の対立も、この二つの精神類型と関係があるのだろう。「合理主義者」は、もともと虚構である「確率」は、約束に従って場合の数を数えて納得するであろう。そしてベイズ流の「主観」などという概念は最後まで拒絶し続けそうである。一方「懐疑主義者」にとっては、我々の世界に関する無知から出発して、徐々に明らかになる事実に基づいて信念をつくり、それを更新していくという考え方は、とても自然に思えるであろう。「とりあえずの作業仮説」定式化としての主観確率は、「懐疑主義者」には至極受け入れやすいような気もする。

量子力学における確率では、たえず更新される主観的信念というものを超えて、事情がさらに複雑になる。そこではさらに、二つの新しい要素、すなわち「同時に決定不可能な量の確率」「測定者という主観の関与が許される確率」が出てくるのである。

なぜ「合理主義者」と「懐疑主義者」が、確率概念の理解を巡ってまったく異なった傾向を示すのかを考えると、なんとなく思うのは、どちらもある程度生まれつきの体質なのではないかということだ。ひょっとすると最近の遺伝学の勢いを考えれば、そのうちDNAのどこかの領域に、ベイズ確率を受け入れやすい「不可知論的」遺伝子座位が見つかるかもしれない。

またその最近の遺伝子生物学の知見から見て、「エピジェネティックなメチル化」といった、生育環境による遺伝子座位への後天的な修正もあるにちがいない。すると幼少期の体験が重要ということになりそうだ。両親いずれかに暴君や気まぐれで気分の変動の激しい人がいると、子供が不可知論的懐疑主義者になりやすいかもしれない。青春時代の体験も影響が強いだろう。瞳の奥に量り難い謎を秘めた異性に繰り返し恋して繰り返し失恋したら、これもまた不可知論的傾向が助長されきっとベイズ確率愛好家になりそうである。

いずれにせよ確率論に基づいた性格分類学がはじめられそうである。読者のみなさんはいかがであろうか。

(4) 物理学への確率の導入史から

量子力学的な世界では、物事の進行は確率論的な法則に支配されている。量子力学以外でも確率概念を用いた記述は、物理学の多くの分野に頻出しており、確率論は物理学に不可欠の基本的な道具であるという、今日では当然のこととして受け入れられている観点は、いったい何時誰がはじめたのだろうか。

答えは一九世紀末から二〇世紀にかけてのウィーン大学物理学科に見つかる。ボルツマンの周辺の人物たちの師弟関係の網の目を追うと、一九〇〇年頃の物理学の量子力学による大転換の、いわばミクロな構造が見えてくるのである。

一九世紀半ばまでの物理学は、ラプラス的な決定論的因果関係の連鎖という世界観に完全に支配されていた。宇宙中のあらゆる物質について、ある時点でその状態がすべて知られていたとする。ニュートンの運動方程式はそれらすべての将来の状態を、無限の未来にわたってまで予言するであろう。世界に偶然の入り込む余地はないのであった。気体の熱力学を原子や分子のランダムな確率的運動から導こうというボルツマンの試みは、当時の学会の大勢からはまったく受け入れられなかった。それはむしろ一種の知的スキャンダルとさえ見なされたのである。確率や統計といったものは物理学という厳密科学の象牙の神域には無縁の、ギャンブルや国勢調査といった事項に関するものと思われていたからである。

事態を悪化させたのは、ボルツマンが熱力学の統計的理解のために出発点とした原子論自体が、まだ直接の実験的な証明を得ていなかったことである。当時多くの人が「エネルゲティクス」という理論を信奉していた。それによるとあらゆる物理現象は、世界に遍在するそれ自体では検知不可能な連続体「エネルギー」の七変化がもたらすものとされたのである。当然ながらエネルギーの波の代わりにつぶつぶの原子を究極の実態と考える原子論は、エネルゲティクスからすれば異端邪教であり、原子論への攻撃は、時に学問的論争を超えた人格攻撃に近いものとさえなった。当時のエネルゲティクスの舌鋒鋭い代表的論客は、ウィーン大学の知的頂点の哲学科正教授エルンスト・マッハで、そのウィーン大学の駆け出しの若手教授だったボルツマンにとっては、これもまた最悪の星の巡り合わせとしかいいようがない。

それでもボルツマンの気体分子運動論はウィーンの物理学者の間にだんだんと地歩を得てくる。世紀の変わり目頃には、思想の変化は潮目を超えた。多数の粒子が集まった系では確率論的に事物が進行するという、いまの言葉でいえばマルコフ過程の考え方は、物理学の重要な支柱と認知されるようになっていったのである。マッハの死で空席になった哲学科正教授の後任に迎えられたのは、他でもないルートヴィヒ・ボルツマンその人であった。

ボルツマンのその後の人生は悲劇的な暗転を遂げ、なにかに追われるように自らウィーンを去ったのち、謎の自殺でその人生は閉じられてしまう。ボルツマンが晩年に苦にしていたのは、もはや原子論に

ボルツマン

対する無理解ではなく、彼の気体分子運動論の基礎方程式の時間反転不変の破れであったという（ご存知の通りこれは現代でも未解決の問題である）。あまり知られていない晩年のボルツマンの手になる学会要綱に「確率計算は従来の因果律的物理法則と並び立つべき新たな原理である」との一節が見られる。苦しまぎれとも思える語句であるが、その後の量子力学をさえ予見したような先駆的知見とも解釈できる。

ボルツマンの思想の系譜は彼の死後もウィーンに生き続けた。彼の弟子で、ウィーン大学で彼の跡を継いだのがフリードリヒ・ハーゼノールであって、彼こそが量子論の基礎方程式の発見者エルヴィン・シュレーディンガーの師である。名教師ハーゼノールの理論物理学講義からうけた薫陶については、シュレーディンガー自身が繰り返し語っている。

ただし不思議なことに、シュレーディンガー自身は、自分の書き下した方程式に出てくる波動関数に関して、一種のエネルゲティクス的な解釈を行っていた。ここまでこの本でも詳説した波動関数の確率論的解釈については、これを生涯受け付けなかった。ちなみにハーゼノールも、アインシュタインの一年前に $E=\frac{3}{4}mc^2$ というニアミスの式を導いて世紀の大発見を逃したうえ、四〇歳に手の届くときにはじまった欧州大戦に自ら志願して戦死を遂げた悲劇の人である。

ボルツマンと量子力学に関して見逃すことのできないのが、ボルツマンのプランク公式への直接的な影響である。

ベルリンのプランクはボルツマンの論文をすべて熟読していたという。量子論の開始を告げるこの公式を導くにあたってプランクが行ったのは、シュテファン＝ボルツマンの公式の電磁波の状態エネルギー足し合わせに際して、本来なら積分すべきと思われた連続量を、ある値の整数倍のとびとびの値で置き換えたことである。この一見恣意的と思える置き換えも、その思想的源流を辿れば、ボルツマンの「エネルギー連続体は原子で置き換えられるべき」という考えに行き着く。

こうして見てくると、ボルツマンこそが量子論の発見の「陰の先駆け」だったとも思えてくるのである。いずれにせよ世紀の変わり目の物理学上の革命は、それまで物理とは異質とみなされていた「確率論」という考えを、ボルツマンが正面きって導入を図った事実に、大きくよっていることだけは間違いないだろう。

ボルツマンの論敵であり、ボルツマンのウィーン大学での先任者でもあったマッハは、のちに量子力学建設の英雄の一人となるヴォルフガング・パウリの名付け親でもあった。「背後の実体というのは虚妄であり、科学は観測されるものどうしの関係の記述に徹すべきだ」とするマッハの思想は、間違いなく量子力学のコペンハーゲン解釈にまで色濃く反映している。一九世紀末のウィーンなくしては、統計力学も量子力学もその発見が半世紀遅れただろう、という立論も、十分に成り立つかもしれない。

4　量子の堪え難い不確かさ

（1）　不確定性の物理学と社会学

なにかの元素でできた物質、たとえば水素の中から、原子を一つずつ取り出して、その中の電子の運動の様子をしげしげと観察することができたとしてみよう。

電子の位置を繰り返し測定することによって、電子が見つかる場所ごとの確率を与える確率分布が決められるが、この確率分布は、原子核の周囲0.1ナノメートルあたりまで広がっていて、それから離れたところではほぼゼロであるのがわかるだろう。これを、電子の位置 x がおよそ0.2ナノメートルほどの不確定さ $\Delta x = 0.2$nm をもつ、と表現することができる。さて今度は電子の速度を繰り返し測定したとする。電子の速度のばらつきを与える確率分布は、光速の一〇〇分の一くらいに相当する秒速一〇〇万メートルあたりまで広がっていて、それから離れたところではほぼゼロであるのがわかるだろう。これを、電子の速度vがだいたい秒速二〇〇万メートルほどの不確定さ$\Delta v = 2{,}000{,}000$ m/sをもつ、と表現することもできる。

電子の位置の不確定性に速度の不確定性をかけて、それに電子の質量10^{-30}キログラムをかけるとこんな数が得られる。$m\Delta x\Delta v = 4\times10^{-34}$kg m^2/s。量子力学では往々にして、速度よりも、動いている物体の質量を速度にかけた「運動量」$p = mv$という概念を使う。いまの話を、位置の不定性Δxと運動量の不定性Δpというものでいい直すと

$$\Delta x\Delta p = 4\times10^{-34}\ \mathrm{kg\ m^2/s}$$

と表される。ハイゼンベルクが示したのは、量子的な粒子にあっては、この位置の不定性と運動量の不定性の積が、つねに数10^{-34}より大きいということである。この数$\hbar = 10^{-34}$ kg m^2/sのことを「プランク定数」とよぶ。つまり世の中のあらゆる粒子について、それが量子力学に従う限りその位置ないしは運動量についての不定性があって、その積がプランク定数以下にはなれない。これを式で表現した

$$\Delta x\Delta p > \hbar$$

という不等式こそが、世に名高い「ハイゼンベルクの不確定性関係」である。

プランク定数hは量子論の産声とともに現れた数で、光子のエネルギーが、この定数に光子の角周波数をかけて与えられるのである。原子がいまあるサイズでいられて潰れてしまわないのは、この不確定

性原理のおかげである、と表現することもできるだろう。

不確定性関係がなにかそのままの形で量子力学の計算の役に立つというわけではない。これは「相補的物理量は同時には確定しない」という相補性の原理の一つの帰結だと思うこともできる。しかしプランク定数に加えてたった二つの量と一つの積、そして一つの不等号しか出てこない「不確定性不等式」とは、実に見事な切り口である。

ハイゼンベルクは不確定性関係を導いた専門誌の論文に続いてすぐ、一般読者向けの雑誌記事を発表した。そこで確信をもって宣告されているのは、量子的不確定性に基づく新しい世界観の到来と、ニュートン以来科学思想の主柱だった古典的決定論の死である。戦間期ドイツの行く末定まらぬ世相にも共鳴したのだろうか。「不確定性原理」は一般世論にも漸次広まり、ほどなくこの人口に膾炙した言葉は、難解で理解され難い「量子力学」の社会的な金看板となった。

ほどなくして「不確定性」は芸術家の語彙にまで加わるようになり、その影響は音楽や文芸分野の創作物までに波及した。もっとも多くの場合、そこで語られた不確定性原理は、量子力学における本来の意味から離れて、不安、不条理、意志の不疎通、理解不能性といったものと同一視された。また逆にこう考えることも可能かもしれない。敗戦と天文学的インフレと革命騒ぎ暴動騒ぎの続く不条理で先行き不透明な世情が、ハイゼンベルクが不確定性原理を発見し定式化するにあたって、なにほどかの寄与をしたのではないか、と。

ハイゼンベルクの不朽の名は行列力学の発見に基づいている。不確定性原理というのは、量子に対す

る限定的不可知論を神秘的な一行に封じ込めたハイゼンベルクの非可換関係

$$XP-PX=i\hbar$$

の、いわば文学的暗喩である。しかしこの「不確定性」とは実にみごとな切り口である。簡明で衝撃的、そして（たぶん何語でも）語呂がよい。ハイゼンベルクは天才物理学者であると同時に、天才的サイエンスコミュニケーターでもあったのだ。

この言葉が生まれた頃の量子力学の研究の前線を見ると、なぜか同じ正しい結果を与える二つの新理論である行列力学と波動力学を巡る論争が日増しに激しさを増していた。コペンハーゲン＝ゲッティンゲン枢軸（行列力学）対シュレーディンガー（波動力学）の争いは、時に科学的論争の枠を超えてしまうことさえあった。友人間の私信において、互いに反対派の人格攻撃がいまで書いているのを、いまでも記録に辿ることができる。

二つの新理論が実は数学的に同等だとのシュレーディンガーの証明ののちも、なぜか論争は収まらなかった。それどころか波動力学と行列力学の背後にある「哲学的視座」を巡って、両派の対立は激しさを増して続いた。それはいまから見ると、学界の主導権を巡る政治的対立の様相さえ呈している。ちょうど当時、ドイツの諸大学の教授ポストの一斉の世代交代にからむ不確定性も発生しており、詳しく調べるとこの論争の生臭い側面まで見えてくる。

実際の扱いの便利さから、研究の現場ではシュレーディンガー流の波動方程式による計算が、時を置

ハイゼンベルク

かず主流となっていった。いまでも普通の量子力学の教科書はシュレーディンガー方程式からはじまるものが多い。それでもコペンハーゲン側は行列力学で明確になる「認識哲学的な新境地」を押し立てて論争を続けた。

当時の人の書き物を読むと、そこに科学的内容以外の事情があるらしいことが示唆される。量子論の発展においてコペンハーゲンの主導的立場をつねに主張し続ける必要が、ボーアやハイゼンベルクにはどうやらあったのである。それはコペンハーゲンの理論物理研究所（現ニールス・ボーア研究所）を短期長期のヴィジターでにぎわう量子物理のメッカ、泰西の梁山泊に保つという社会的使命だった。ボーアはデンマーク政府やいろんな財団から当時としては大きな金をもらって、これを「国際的名声のある国家的重要プロジェクト研究所」という形態で運営していたのだ。いずれ死語になるにちがいない最近の言葉でいうならば「グローバルCOE」である。

そんななかに「不確定性原理」の発見者として、ハイゼンベルクはこの微妙な新時代のドイツの科学者＝哲学者＝国家的英雄として認知されるようになるのである。そして行列力学の思想は結局学界を制し、「コペンハーゲン解釈」すなわち量子力学の正統派の解釈として定着した。それは現在も引き継がれている。

傷ついたドイツの栄光を背負ってしまったハイゼンベルクには、そのぶん多くの試練が課せられることになる。政治的嗅覚にも欠けてはいなかった彼は、ナチスの台頭期、戦間期、戦後を通じて、危ない橋も何度か渡りながら、ドイツ科学行政の頂点をみごとに生き抜いた。

（2）不確定性の認識論と存在論

ハイゼンベルクの不確定性の原因を理解するのに、二つの違った説明がよく聞かれる。

その一つは、粒子の波動性に起因した内在的な揺らぎに基づくものである。波は広がりをもっており、波長以下の位置の確定は困難である。波の運動量についても同様なことがいえて、波動に内在的な揺らぎをもっていてその揺らぎ以下の精度は要求できない、というものである。この考え方から導かれた不確定性関係を、導出者の名にちなんで「ケナードの不等式」とよんでいる。

ハイゼンベルク自身は違った理由づけを行っていた。それは、観測によって粒子の状態が変化する、という事実を出発点にするものであった。電子の位置を測定するために光を当ててその跳ね返りを見る。この種の測定では光の波長以下の位置は定めることができない。それゆえできるだけ波長の短い、エネルギーの高い光を当てる必要がある。するとその光の擾乱が必然的に運動量の不確定性を生む。当てる光のエネルギーを下げれば運動量の不確定性は小さいが、光の波動性からくる位置の不確定性が大きくなる。両方のバランスをとって、位置の不確定と運動量の不確定積を最小にするようなエネルギーを考えると、それがちょうど$\hbar$になっている、というのがハイゼンベルクの得た結論であった。

つまりハイゼンベルク自身の導いた不確定性は、測定の際の擾乱に起因する運動量の不確定性と位置の揺らぎ不確定性の積に関するものであって、同じ形に見えて、根本的に意味が違っているのである。ハイゼンベルクがケナードの不等式を知らなかったわけではない。それどころか彼は自分の不確定性不等式の「数学的証明」のために、実質的にケナードの不等式と同等なものを出発点にしている。それは量子波動関数に特定の形を仮定した、制限された場合のみ成立する関係式ではあったが。この不等式に、観測に関するもっともらしい二つの仮定を加えると、ハイゼンベルクの不確定性不等式が導かれるのである。

しかし時代が下るとともに、本来のハイゼンベルクの不等式とケナードの不等式は、その区別があまり意識されることもなく、多くの場合同一視されたまま共存していたのだが、これにもう一度光を当てたのが、量子力学誕生以来八〇年余を経た二〇世紀終盤に登場した「小澤の不確定性不等式」の理論である。

小澤正直は量子論を数学的に満足のいくような形に基礎付ける「公理化」の研究を行っていた。この分野の古典であるフォン・ノイマンの著書『量子力学の数学的基礎』には唯一弱い部分があり、それが測定の理論であった。この欠陥を補う決定版である「量子測定のインスツルメント理論」が一九八〇年代半ばに完成されていた。この決定版をつくったのが、他ならぬ小澤であった。物理量の測定とはどのようなものか、測定量はどのような性質を満たすべきか、このような疑問にはいまやはっきりとした数学的な答えがあるのだ。彼はこの新理論を、なにか「実践的に」用いる機会を探していた。

ある国際会議で偶然ノースウェスタン大学のH・P・ユエンの講演を聴いて、小澤は驚愕した。重力波の測定限界に関するユエンのモデル計算が、小澤のインスツルメント理論の設定に酷似していたのである。重力波の検出限界に関しては、当時大論争が行われていた。分野の著名な大家であるカールトン・ケイヴスがハイゼンベルクの不等式に基づく議論から、干渉型重力波干渉装置の不十分さを主張していた。ところがユエンの具体的なモデル構成に基づく計算結果を見ると、それは間違いなくケイヴスの主張する限界を超えた精度になっているのである。疑問を追究していくうちに、小澤は問題の根が非常に深いことに気がついた。ハイゼンベルクの不等式を字義通り受け取ると、たしかにケイヴスの奇妙な結論がまっすぐ導かれてしまうのである。

小澤は即座に、自分の理論が「不確定性原理の破れの可能性」を許容することに気づいた。ハイゼンベルクの論文の「もっともらしい仮定二つ」は、小澤の観測理論からすればまったくもっともらしくないのである。ほどなくその仮定の反例ができあがった。そのような例では「波動関数の収縮」は測定直後ただちには起こらず、ひと呼吸置いてから波動関数の通常の発展の結果として起きるのであった。ハイゼンベルクの不等式の破れを示す具体的な計算を行い、論文を『フィジカル・レヴュー・レターズ』に発表した小澤を迎えたのは、数理物理の難解な理論の研究者には予想外の、突然の世間の脚光であった。『ネイチャー』誌、そして一般紙の記者までがインタヴューに訪れた。

ハイゼンベルクの不等式が破れるのはいいとして、量子的測定にはそれでもなにかしらの限界があって、それはやはりなにかの不等式で表されるだろう。そう考えた小澤は先へ進んだ。問題の本質はハイゼンベルクのいう「測定による擾乱」というものには、数学的に厳密な定義が与えられていないことであった。自身で観測の理論を整備した小澤には、真実への扉が大きく開かれていた。彼は「測定の擾乱によってもたらされる不確定性」Δx、Δpと「測定と無関係に量子系に本来ある揺らぎ」δx、δpの区別を行い、その各々に厳格な定義を与えた。そして次の不等式を数学的議論から導いた。

$$\Delta x \Delta p + \delta x \Delta p + \Delta x \delta p > \hbar/2$$

小澤の不等式の左辺は三つの項からなる。その最初の項は測定による擾乱からくる運動量と位置の不確定性の積であり、ハイゼンベルクの不等式に対応するものである。残り二つの項は、運動量の量子揺らぎと擾乱による位置の不確定性の積、そして位置の量子揺らぎと擾乱による運動量の不確定性の積であって、三つすべてが加えられたものが$\hbar$以下にはなれない。

最初のハイゼンベルクの項を「認識論的不確定性」、そして量子揺らぎによって出る二つの補正項を「存在論的不確定性」とよぶこともできるだろう。存在論的不確定性と認識論的不確定性を足したものが$\hbar$を必ず上回るべし、小澤の不等式はこう告げている。これを逆にいえば、存在論的不確定性を大きくすることで、認識論的不確定性はいくらでも小さくでき、実際ゼロでもよい。重力波測定装置の測定限界はずっと押し下げられることになった。

小澤の不等式は二〇一〇年に実験的検証を得た。長谷川祐司の率いるウィーン工科大学のグループが、低エネルギー中性子のスピンの測定による実験で、ハイゼンベルク不等式の破れと小澤不等式の成立を確認したのである。異なった設定による独立な検証実験が相次いだ。物理学の世界では小澤不等式がハイゼンベルク不等式に置き換わった。

不確定性不等式は、「あちらを立てればこちらが立たず」という量子的存在の不可思議の、もっとも簡潔な表現である。三つの項からなる洗練された小澤不等式が、単一の項からなる意味闡明なハイゼンベルク不等式に、世間一般の認識にあっても置き換わるか、そればかりは不明である。自然界が単純さを愛するとは限らないが、世論は必ず単純さを愛するからである。

5 波動関数とはなにか

量子的な粒子がなんらかの安定状態にあるとき、粒子の位置を測定すると、測定のたびにそれがいろいろな場所に確率的に見つかるという事情を、もう一度詳しく見てみよう。

測定すると確率的に分布するのは、位置に限ったことではない。運動量でもよいし、位置と運動量を適当な比率で足し合わせたり掛け合わせたりした任意の物理量を考えることができる。電子や光といった量子的な粒子の状態は、なにかの物理量を繰り返し測定すると、その結果はいつも確率分布で表され、それは物理量の値を横軸に、その相対頻度を縦軸にしたグラフで表現される。

いまこの確率分布から、グラフの高さを平方根に変えた新しいグラフをつくってみよう。この操作は実は正負の符号だけ不定性がある。二乗して0.25になるのは0.5と-0.5の二種類があるからである。ここではできたものが滑らかになるように適宜各地点での正負を決めたものを考えた、としておこう。

このようにしてできたグラフを、量子的物体の状態を表す「波動関数」とよぶ。そう、他でもない。

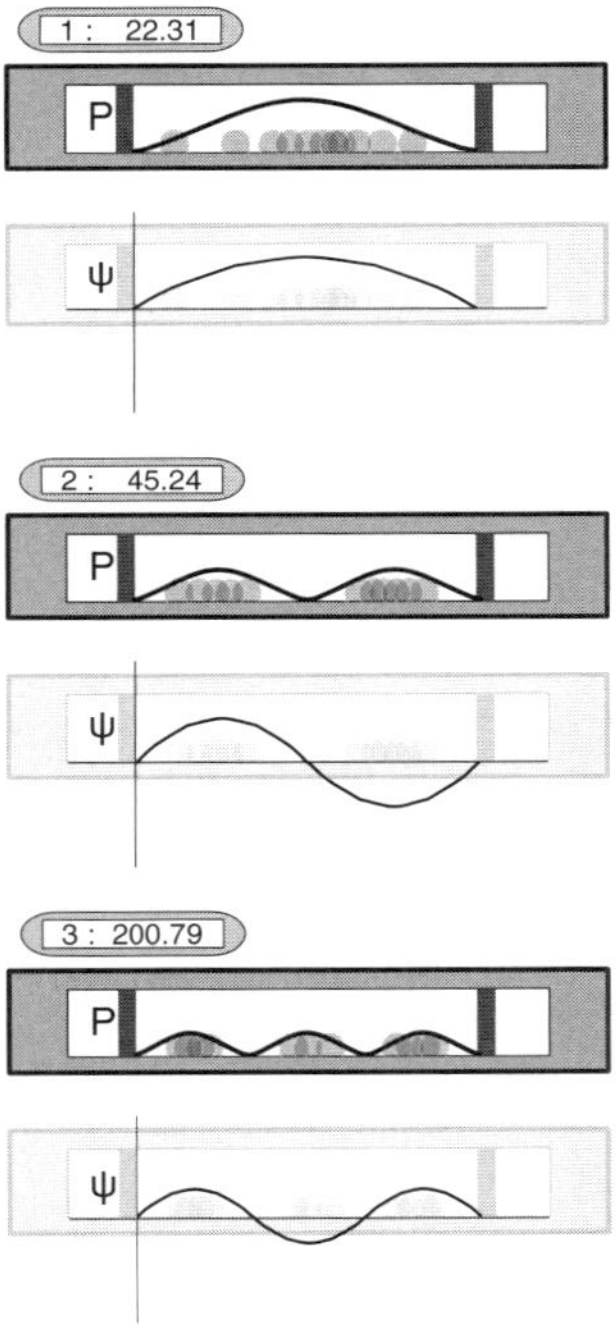

Pは確率分布，ψはPの平方根で与えられる波動関数である

これが量子の話の出るたびに聞かされ続けた「波動関数」なのだ。実は波動関数は複素数の値も許され、その絶対値の二乗が確率分布を与える。

波動関数は一般に、その名のごとく波打った形をした関数である。もしここでいう物理量がこの場所、その隣、そのまた隣、というふうに空間的な位置を表している場合は、この関数は空間に広がった波状のものになって文字通り「波動関数」となる。そして波動関数は、その絶対値の二乗がその場所に量子的粒子が存在する確率を表していることになる。電子、光子などの「粒子」が、その存在場所や状態が確率分布をすることで、波の性質を帯びてくる事実を、波動関数というものが端的に表現している。

粒子の波動関数は二つの原理に基づいて時間的に発展する。

一つは観測者の測定による変化である。波動関数は観測の結果に応じて突然姿を変える。たとえば位置の測定を行うと、どこかの位置に観測され、波動関数はその位置のみにピークがあって、他の位置ではゼロの値をとる尖った関数となる。このような観測による波動関数の突然の変化を「波の収縮」とよぶ。波動関数の観測による収縮は、量子力学に独特なもので、物理学ではこれまでになかった、まったく新しい概念である。

もう一つは観測がなされない間の運動である。粒子の波動関数は「シュレーディンガー方程式」に従って時間的な発展をしていく。これは古典論の粒子の運動を規定するニュートン方程式の量子版と考えることができる。専門的技術的な点まで書くならば、ニュートン方程式をデカルト座標以外の一般的な座標でも通用するようにハミルトンが書き直して得た「ハミルトン方程式」の量子力学的な対応物がシュレーディンガー方程式である。

素粒子はその名のごとく粒子であって、位置を観測すればここ、あそこ、と位置が確定するが、たとえば位置に相補的な運動量が確定した状態をみれば、その位置は波状にランダムに確率的に分布している。その分布の様子を表すのが波動関数であり、すべての量子的な粒子はこの意味で波でもある。

これが「物は波であり、波は物である」という量子に関する少々神秘めかした言明の、本当の意味である。

粒子の状態が、確率分布からつくられる波動関数で記述され、それゆえに必然的に「波」の性質を帯びるとすると、それにともなって様々な帰結がもたらされることになる。

まずはじめに、波は「重ね合わす」ことができる。二つの波動関数を足したものも波動関数である。

これ自体なんのことはない言明のように聞こえるが、実はこれは重要な結果をもたらす。粒子がなにか特定のある状態Aにあることを表す波動関数があり、それとは別な状態Bにあることを表す波動関数があれば、それらを足した波動関数もまた量子力学的に許される波動関数である。しかしこれはどんな状態を意味しているのだろうか。

たとえば箱が二つあって、Aを粒子が左の箱の中にいる状態、Bを右の箱の中にいる状態、としてみよう。二つの波動関数の重み1対1の足し算で表される新しい波動関数を考えると、これは「半分左の箱の中にあって半分右の箱の中にある状態」ということになるだろう。ところが我々が現実世界で出会う粒子はサッカーボールのように大きな物から電子のように微小な物まで、すべて一ヵ所にしか見つからない。そこで唯一のつじつまがあった解釈として、この「半分」というのは、観測したとき見つかる確率が五〇%を意味する、と考える「波動関数の確率解釈」が生まれるのである。

重ね合わすことのできる波のあるところ、かならず干渉現象が観察される。量子的粒子も例外ではあり得ない。実際、光が長らく波とのみ考えられていたのは、ニュートン、そしてヤングの干渉現象の観察があればこそであったし、電子の量子的性格が誰の目にも疑いなく確定したのは、電子ビームで干渉現象が観測されたときであった。

波には回折現象が見られる。量子的な粒子も確率波の回折によって、古典的には到達できない位置に回り込んで到達する。さらには、古典的に考えるとエネルギー的に乗り越えられないはずの障壁があっても、その向こう側に達することさえもある。量子的トンネル現象といわれるものである。

そして量子的粒子が波であることの最大の帰結が「量子固有状態」の存在である。粒子は波の性質をもつがゆえにこそ、空間的に制限された場合、とびとびの離散的な状態しかとれなくなる。離散的存在である粒子が確率的分布にともなって連続的存在である波の性質をおびて、その波が空間的に閉じ込められた結果として離散的な状態が出現する。このようにして離散と連続の一つの円環が閉じるのである。

波動関数がそれ自体では観測にかかる量を与えず、その絶対値を二乗したものが、粒子が観測にかかる確率になるという事実は、量子的な粒子に「位相」とよばれる独特の性格を与える。たとえば先に出てきた左右に並んだ箱で、粒子が左にいる波動関数、右にいる波動関数、そしてそれを重ね合わせた波動関数を図示してみる。図から明確になるように、半々の存在確率を表す重ね合わせ状態には、二つの波動関数の和で与えられるものと、差で与えられるものの二種類があり得る。この二つをそれぞれ「位

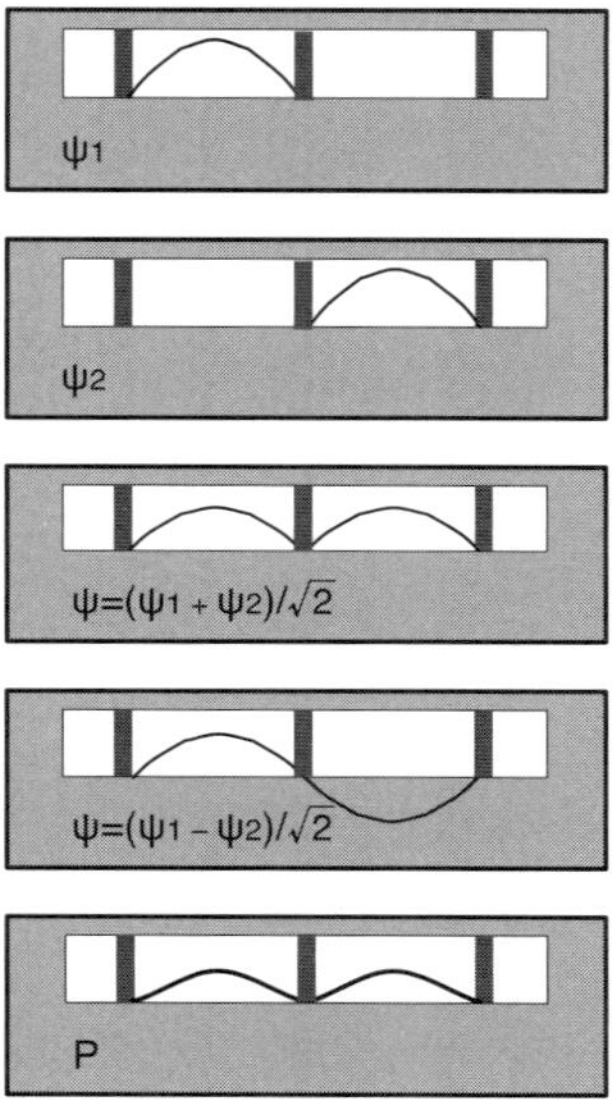

相プラスの重ね合わせ」と「位相マイナスの重ね合わせ」とよぶ。異なる波動関数でもそれらの絶対値の二乗は等しいので、粒子の居場所の確率分布としては同じものを与えるが、この二つは明らかに違った波動関数で与えられるので、居場所の測定とは別な、なんらかの観測で判別可能なはずの、物理的に違った状態である。

シュレーディンガー方程式を発見して波動関数の概念を確立したシュレーディンガー自身は、マックス・ボルンによる「波動関数の確率解釈」を終生認めなかった。電子が文字通りの波でできているのだと考えたのである。粒子の性質を示すのは、一カ所に集中した波、すなわち波束となったときであると、シュレーディンガーは信じていた。そのような波束ができたとしても、自ら導いた波動方程式から、すぐに拡散するという計算を見せられても、なにか考慮に入っていない事項があるだけとして気にもとめなかった。

ボーアとハイゼンベルクが主導したその後の量子力学の発展から、シュレーディンガーは距離を置いて、彼の本来の興味の追求に専念した。それはショーペンハウアー哲学、そして印度哲学の探究、女性美の追求、さらには生命の起源に関する思索であった。シュレーディンガーの女性関係における発展家ぶりについては、数多くの証言が残っている。この点に関する謎でいまだに解決をみないのが、シュレーディンガー方程式の発見があったクリスマ

シュレーディンガー

ス旅行についてである。そのときの同伴者は、彼の妻アンネマリーでないことのみが確定していて、現在知られている八人の愛人の誰であったかは不明である。

シュレーディンガーの生命に関する研究成果は、彼の晩年の著書『生命とは何か』に集約されている。この著書に書かれた、生命の根幹に遺伝を司る分子構造があるという推論は、学生時代のジェイムス・ワトソンに深い影響を与え、彼がまもなくフランシス・クリックとともにDNAの構造を決定し、遺伝子生物学を開くことに直接つながった。またこの著書の後半に見える、生命の本質を熱力学的な平衡過程からの離脱としてとらえる考え方は、イリヤ・プリゴジンや金子邦彦といった現代の複雑系物理学の系譜の、遠い祖先と考えることもできる。

シュレーディンガーはオーストリアのチロル地方、アルプバッハに愛妻アンネマリーとともに永眠している。

6　二状態量子力学の魔法部屋

（1）魔法の部屋か生きた蹴鞠か

量子力学に独特な観測による波動関数の収縮について、もう少し詳しく見ていこうと思う。そのためにここでは、電子や光子といった、そのあたりを動き回っていろいろな位置で見つかる普通の量子的な粒子とはまったく異なった、「二状態のみをとれる量子系」について考察する。

この「二状態のみがある量子系」は、さしあたっては仮想的な数学的構成物である。そこで以前の例に類似の、蹴鞠を使ったたとえ話風の設定で説明をしていくことにする。二状態の量子系、実は現実の世界でも実現することができる。それには光子の偏光を使ったもの、電子スピンの方向を用いるものなど、いろいろあるのだが、その話は後にすることにして、ここでは「もし二状態のみをとる物体が量子論に従うとしたら、それはどんな様子か」という質問をして、観測が量子状態にもたらす影響をはっきりとさせることを目指そう。

あなたは小さな小屋の中にいる。

小さな小屋の中に四角い部屋があって、その部屋の二つの「くの字」に接した外壁には窓がない。残り二つの接した壁には、それぞれ一つずつ小さな窓が穿ってあって、厚い歪んだ見通しの悪いガラスが塡めてある。部屋には四角い畳が四枚、田の字型に敷かれている。窓のある二つの壁の外には「くの字」に廊下があって、そこを伝ってあなたは両方の窓の間を移動して、中を覗けるようになっている。ただ、窓のある壁面には奇妙な両方の窓をつなぐシャッターのような仕掛けがしてあって、片方の窓が開いているときは、もう一方の窓は閉まって見えないようになっている。

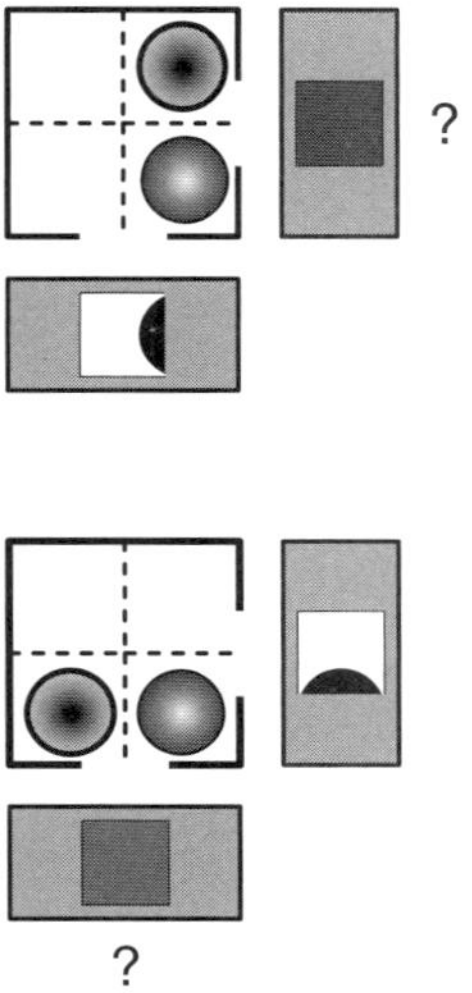

開いた一方の窓から、あなたが中をうかがうと、中に野球のボールくらいのなにかよくわからない黒っぽい蹴鞠のようなものが置かれているのが、歪んだガラスを通してぼんやり見えている。
田の字状の畳の枠が、畳本体に比してかなり盛り上がっていて安定しないのか、黒い蹴鞠はいつも四

枚の畳のどれかの真ん中あたりに位置を占めている。しかしどちらの窓も歪みガラスの悪い視界のため、蹴鞠の奥行き方向の位置は不明確で、覗いてわかるのは、窓から見て右側の畳にあるのか左側の畳にあるのか、だけである。

話を明確にするために、窓の一方が南側、もう一方が東側にあるとしよう。四枚の畳は、東北、東南、西北、西南と区別できる。南の窓を開けて覗くと、蹴鞠が東西のいずれかにあるのはわかるのだが、南北方向はわからない。一方東の窓を開けて覗けば、蹴鞠の南北の所在はわかるのだが、たとえば南側にあるとしても、それが東南か西南かは見分けがつかない、とこういうわけである。

さてこのような設定で、部屋の中の蹴鞠の位置を確定しようとすれば、どうすればいいだろうか。

普通に考えるとそれはごく簡単で、たとえばまず東側の窓を開けて中を覗き、ついで南側の窓を開けて中を覗くだけでよい。東の窓から見て蹴鞠が右に見えたので「北だな」と決まり、ついで南側の窓から見てやはり右なので「東だ」と決まり、あわせて「蹴鞠は東北の畳の上にある」と確定するわけである。

話はこれですむはずであるが、念のためもう一度東側の窓を開けてみた。

するとどうだろう。蹴鞠が左、すなわち南側に移っているではないか！

いったいどういうことかともう一度東の窓の中を覗くと、蹴鞠の位置は南のままである。怪しみながら南の窓を開けてみると、蹴鞠はさっき見たときのままで東にいる。

なにかの勘違いかとも思い、東の窓をもう一度確認すると、今度はまた蹴鞠は北側にいて、それから南の窓をまた見ると、蹴鞠は西に移っていた。部屋になにかの魔法かトリックがかかっているのか、それとも蹴鞠が生きているのか。

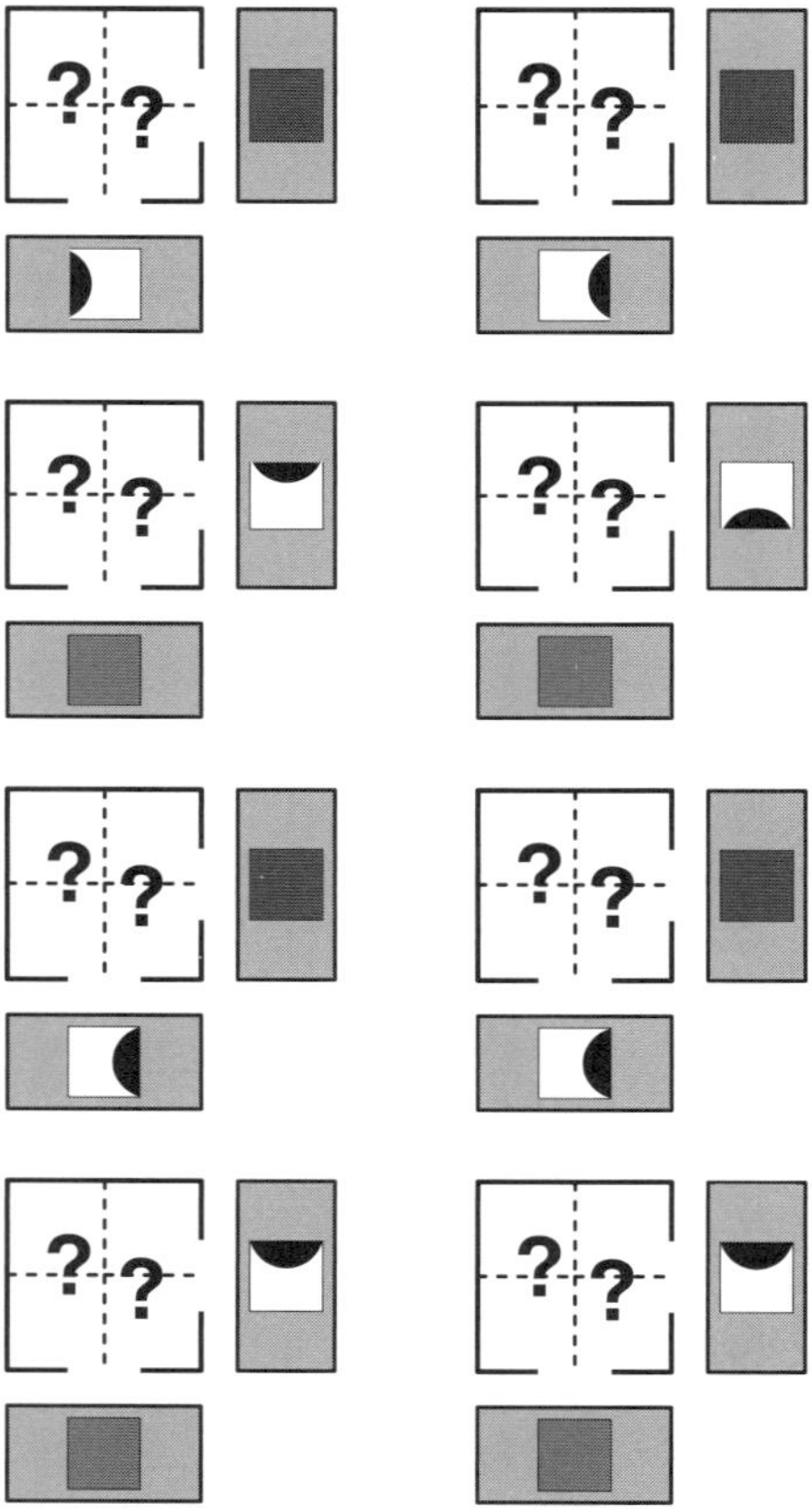

あなたは気味が悪くなってきたが、いったいこれはどうなっているのか知りたい一心で、何度も廊下を行き来して、蹴鞠の位置を繰り返し見てみた。その結果わかったことは、次のような規則性である。

＊ 同じ窓を開けて繰り返し中を覗くと、蹴鞠の位置はつねに不変である。

＊　間に別の窓を開けて覗く、という行動を挟むと、ある窓から覗いた蹴鞠の位置は、同じ場合も移動している場合もある。

＊　別な窓での観察を挟んだ同じ窓での観察で、移動が確認される事象はランダムに起こり、同じ位置と移動した位置で確率は半々である。

考え込んだ末、あなたは理解する。これが量子的な部屋の中の量子的な蹴鞠なのだ。量子的な粒子は、なんの力が及ばなくとも自ら運動せずとも、観測されたという事実だけでその状態を変化させることがある。同じ設定の観測を繰り返しても状態は変化しないが、なにかしら相互に排他的な観測設定があって、その場合ある設定での観測を行ったのち別な設定の観測を行うと状態が変化し得るのである。

蹴鞠を古典的に考えれば、蹴鞠は東北、東南、西北、西南、の四つの位置状態を考えることができるが、量子的には観測して得られる状態はつねに二つである。それはたとえば「北か南か」という二択の状態である。あるいはそれは「東か西か」という二択の状態でもあり得る。前者は東の窓から覗いたときに確定する状態、後者は南の窓から覗いたときに確定する状態で、どちらも本当の、「現実にある」二状態であるが、それは観測する窓を設定したうえで実現する話であって、観測窓の設定以前に絶対的に確定しはしない。

量子力学では、ある種の二種類の設定の観測は「相互に相補的」であり「相互に同時確定不可能」な結果をもたらす。南の窓からの観測と東の窓からの観測は「相互に相補的」な観測に相当し、どちらかの観測で対応した二択のうちから状態が確定すると、他方の観測に対応する二択の状態がどちらであったかは不確定になり、確率的に分布する。

言い方を変えると、「東窓から見て右の状態」、または「東窓から見て左の状態」というのは、「南窓から見て右の状態」と「南窓から見て左の状態」が五〇%ずつ混合した状態とある意味で同等だということになる。このような二つの状態が確率的に混じった状態は「重ね合わせ状態」である。これは当然、同じような五〇%混合でありながらまったく違ったものがつくれるということをも含意している。

そしてまた同様に「南窓から見て右の状態」や「南窓から見て左の状態」も、やはりある意味で「東窓から見て右の状態」と「東窓から見て左の状態」が五〇%ずつ混合した重ね合わせ状態と同等なのである。

つまり、観測者の設定に独立な「対象物についての事実」を語ることができないのだ。

物体のとれる可能な状態が二つ以上ある場合も、技術的にはすこし複雑になるが、本質的には同様で、やはりある設定での観測に対して、相補的な設定というものが存在して、相補的な設定の観測を行うと、もとの設定の如何によらず、相補的な設定のもとで可能なあらゆる状態が確率的に均等に出現することになる。

観測をすると状態は必ず確定するので、これは相補的な測定をすれば、観測される物体に誰も触れていないのに状態が乱され変化するという、実に奇妙なことを含意しているのだ。ある測定で実現された状態を、それと相補的な設定で観測すると、その結果実現される状態は、以前の状態の情報をまったく含んでいないことに注意しよう。観測は一般に観測対象の過去の履歴を消去する働きをもつのである。

量子的な対象物は観測することだけでも状態が変化する、というのは奇妙で不思議に思えるとしても、それが実験事実であれば、とりあえずは受け入れるしかないだろう。しかしそれにしても、いったいそこではなにが起こっているのだろうか。先の蹴鞠の例で考えてみよう。前回と違った窓から中を覗くことによって、蹴鞠の位置が変化するのだから、部屋に何か仕掛けがあるのだろう。それで窓を開け中を覗く観測者の行動が検知されて、窓に垂直な方向に畳が揺れてそちら向けの位置はランダムに変化するようになってでもいるのだろうか。あるいは蹴鞠は実は生きていて、あなたが窓を開けて覗いているのがわかるのだろう。そして蹴鞠は窓からの視線の方向に動き回りでもするのだろう。おそらくは観測者を驚かしてやろうという意図でももっているのかもしれない。

量子的な観測による状態の変化を「それはそういうものだからそのまま受け入れるしかない」というふうに納得して、それ以上の問いをやめるのは、一つの考え方ではある。世の中には不思議で常識では理解しがたいものがあるのは仕方がない、とりあえず確率的にでも法則性があるのだからそれで満足しよう、と諦めるのである。もしそれでは不満で、それ以上に裏になにか仕組みがあるのかを詮索しようとすれば、どうも魔法じみた複雑な仕掛けや、観測者の行動や意図を検知して、それに対応して自分の意志で動き回る生き物のような物体を仮定しなければならなくなる。

この辺の事情をコンウェイは「素粒子の自由意志」と表現した。量子力学の計算結果を実験と合致するように解釈するには、どうしても観測者が観測器をそれ以前の経緯と無関係に、自由に設定できるとしなければならない。そしてまったく同様に、観測される粒子がどの状態として実現するかは、状態にも観測者にも掣肘されることなく、まったくランダムでなければならないのである。さらにコンウェイは、観測者が粒子のある物理量を確定すると、それに相補的な量が最大限ランダムになる事実を「素粒子の最大限の自由意志」とよんでいる。あるいはこれはむしろ、観測者を攪乱するための「素粒子の悪魔的意図」と表現したほうがより適切かもしれない。

（2） 自由意志定理

ジョン・コンウェイ、サイモン・コッヘン両博士に「自由意志定理」という論文がある。その中で量子論的な観測者と観測される粒子に関して、次のことが証明されている。

> 観測者と素粒子を考えて、仮に観測軸を選ぶ際に観測者に自由意志が存在すれば、観測結果が決まるに際して素粒子にも自由意志がある。

この場合「自由意志がある」とは、「それまでの歴史や経過に束縛されない結果をもたらし得る」ということ事態を指している。つまり自由意志とはラプラスの悪魔の主張するような因果の必然に抵抗する力のことだといっていい。

量子論では、観測者が観測軸を選んで初めてことがはじまるのであるが、観測者がどのように軸を選ぶかについては理論の中に説明はなく、観測者が恣意で選べると暗黙に仮定されているだけである。コンウェイの自由意志定理のいうのは、観測者にとって恣意的な選択が本当に可能ならば、観測される素粒子の側にも、観測結果を恣意的に決定する力があると考えざるを得ない、ということである。

プリンストン大学での講演会の最後、コンウェイはチョークをもった手を高々とあげた。

「我々に自由意志があるのかどうか、本当のところ私にもわからない。しかし量子論は自由意志を排除しないし、私はそれがあると感じている。ここで私が指を開いてチョークを落とすか、それとも落とさないか、私にはそれを決める力と意志があると、仮にしてみよう。すると今日私の示したことが告げているのは、このチョークが無数の素粒子の自由意志で溢れかえっているだろうということだ。私には説明はできないのだが、私の自由意志、あなたの自由意志も、おそらくは、この世のあらゆる素粒子に満ち満ちた自由意志に、究極的には由来しているのではないか。私が感じているのはそういうことである。」

講演のあとに、哲学科の若い女性が質問した。

「自由意志と恣意的な結果や気まぐれとは違うのではないか。先生の証明されたのは、観測者に気まぐれがあれば、素粒子にも気まぐれがある、ということのように感じる。素粒子が気まぐれにランダムに振る舞うというのは、量子論で一〇〇年前からわかっていたことなのではないか。」

コンウェイの答えはこうであった。

「それは言葉の問題だ。ある人の自由意志は、その内面を見えない他人からすれば気まぐれだ。外から観測して自由意志と気まぐれを区別する手だてはない。いかにも駄目そうなにやけ男をつれてきた娘に、私が結婚反対を告げたら、彼女はいうだろう。「お父さんにとっては私の気まぐれに思えるかもしれないけど、私にとってこれは自由意志です。」もし「自由意志定理（free will theorem）」という言葉がお気に召さないのであれば、「自由気ままの定理（free whim theorem）」とよんでくれても一向にかまわない。それともう一点、素粒子の量子的ランダムさであるが、その正体が、隠れた因果性を我々が認知していないための、見かけ上のランダムさなのか、それとも素粒子の振る舞いが因果の糸に掣肘されないことによる、真の気まぐれなのかは、いままでは区別できなかった。これを今回の定理で判別するわけだ。」

たしかに、恣意と自由意志の区別というのは難しい点だが、一つ明らかなのは、気まぐれの余地がなければ自由意志は存在しない、という事実である。気まぐれが許される世の中に、さらに善の概念が存在するとしたら、そこで初めて自由意志が存在する。善悪は主観的で相対的なので、気まぐれが許される世の中に、さらに悪の概念が存在するとしたら、初めて自由意思が存在する、といっても同じである。いずれにせよ、これは倫理学の領域なので、コンウェイに倣ってこれ以上立ち入らないほうがよさそうである。

素粒子の運動はつねにランダムさを内包していて、予言は確率分布をもってしかできない。それを観測する我々には恣意的決定の余地が存在して、それを内観的に見たものが自由意志だとしてみよう。そうすると観測される粒子も恣意的に振る舞い、この我々より十億分の一も小さい素粒子に仮に内観があるとすれば、その中で素粒子は自由意志を感じているのだろう。量子的粒子の示すランダムさは、けっ

して我々の知識の不足による見かけ上の不定性ではない。コンウェイ＝コッヘン論文で示されたのは、このランダムさの起源を、観測する者と観測される物の自由意志、すなわち因果の鎖から解き放たれたなにか、として解釈することが可能ということである。

にわかに空がかき曇ってきたので、あなたはサングラスをとってビーチパラソルを畳む。土佐湾の白い砂浜に、どこかの少年が気ままにつけた足跡を、寄せては引く波が洗っている。まだ残る窪みにむかって、海水に泡立った砂粒が、元の位置を目指すかのように流れ落ちていく。

引く波にさらわれなかった薄朱色の巻貝が一つだけ、濡れた砂の上に残っている。

素粒子の自由意志と生命の気まぐれに満ち満ちて、偶然と必然の綾で織り上げられた宇宙。観測する者と観測される物体、主観と客観、生物と無生物、マクロとミクロ、この両者は一見二項対立するようでいながら、ともに自由意志に貫かれ、密かに結びついた全体をなしている。コンウェイの定理の示唆する汎神論的な世界観である。

しかしもし自由意志が偶然の気まぐれとなんら変わらないのなら、生命の意味とはなんなのだろう。認知し判断し運動する生命活動が自由意志をもつとしても、それが素粒子の定めない揺らぎとなんら異ならないとしたら、それはどこか空しく寂しいものではないだろうか。

なにかよいたとえ話はないかと考えて、あなたはスピノザやショーペンハウエルの著作を繰ってみようと思った。それともやはり古代印度の聖典、あるいは仏陀の言葉を探すべきだろうか。そして突然、このかすかな諦観に彩られた存在論を神的な霊感をもって言い表した、石川啄木の次の詩をあなたは思い出す。

いのちなき砂のかなしさよ
さらさらと
握れば指の間より落つ

人間の言葉が一瞬間、存在の不可思議の根幹に触れたかのような、二十七文字からなる奇跡である。

7　光の量子力学

(1)　光子の偏光

光は偏光の方向をもった波である。自然光を偏光板に通して好みの方向に偏光した光にすることができる。

いま簡単のため、図のような四つの方向の偏光だけを考え、縦偏光、横偏光、右斜め偏光、左斜め偏光とよぶことにする。縦偏光と横偏光はお互いに排除的である。縦偏光をもった光を、横向きの偏光板に当てると、まったく光が通らない。また横偏光の光を、縦向きの偏光板に当てると、これもまったく光が通らない。

右斜め偏光と左斜め偏光もお互いに排除的である。右斜め偏光をもった光を、左斜め向きの偏光板に当てると、まったく光が通らない。また左斜め偏光の光を、右斜め向きの偏光板に当てると、これもまったく光が通らない。

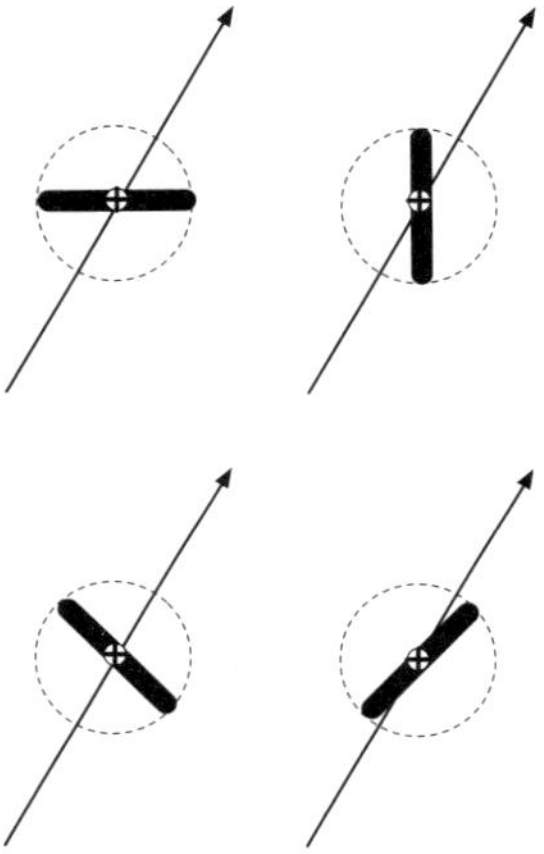

右斜め偏光をもった光を、縦向きの偏光板に当てるとどうなるだろうか。やってみると半分の強度の光が透過する。おなじ右斜め偏光を、横向きの偏光板に当てると、やはり半分の強度の光が透過する。すると右斜め偏光状態は、縦偏光と横偏光の半々に混じった重ね合わせ状態でもあるという推測ができる。これを

（右斜め偏光）　⇒　1／2（縦偏光）＋1／2（横偏光）

と表記すればわかりやすいかもしれない。偏光スプリッターという装置を使って、この考え方を実証することができる。この特殊なプリズムに光を通過させると、光の縦偏光成分はそのまま通過させ、横偏光成分は九〇度上に反射する。たとえば縦に偏光した光を入れると一〇〇％透過して、横に偏光した光

なら一〇〇％上に反射する。これに右斜め偏光をもつ光を入れると、五〇％は透過し、それはすべて縦偏光をしており、残り五〇％は上に反射して、それはすべて横偏光をしているのである。

同様なことを左斜め偏光の光について行えば、

（左斜め偏光）⇒ 1／2（縦偏光）＋1／2（横偏光）

と表記できる重ね合わせ状態になっていることもわかる。右斜め偏光状態と左斜め偏光状態が、これだと同様のもののように見えるが、この混合比だけでは表せないなにかがあって、それが両者を区別するのだろうと推測できる。これの正体は以前の章で出てきた「波動関数の位相のプラス・マイナス」の違いに他ならない。まったく同様の議論と観察から、

（縦偏光）⇒ 1／2（右斜め偏光）＋1／2（左斜め偏光）

（横偏光）⇒ 1／2（右斜め偏光）＋1／2（左斜め偏光）

ということも理解できるだろう。この両者もこの混合比だけでは区別できない「位相のプラス・マイナス」の違いがある。

量子論によると光は波の性質と同時に「光子」という粒子の性質ももつ。実は一九〇〇年のプランクによるこの発見こそが、量子論の誕生を告げるものであった。彼の名はすでに出てきたプランク定数

$\hbar = 10^{-34}$kg m^2/s に永遠に刻まれている。光の振動数にプランク定数をかけ、それに2πをかけたものが光子のエネルギーを与える。速い振動数の光子ほどエネルギーが高い。光の波長は光速を振動数で割ったものなので、波長の短い光ほどエネルギーが高い。波長の長い赤外線では平気でも、波長の短い紫外線は皮膚に損傷をもたらす。もっと波長の短いX線やγ線の危険についてはいうまでもないだろう。

さて先の偏光の話は光子が非常にたくさんあるときの話であるが、光子一個について考えるとどうなるだろうか。すべての光子は同じ性質をもつと考えられるので、一個の光子も、先のような偏光の性質をなんらかの形でもっている、と考えざるを得ない。実験的にもその考え方が支持される。それは光子の強度を極端に小さくして、ある時間内に光子一個分くらいのエネルギーしか飛ばないようにして、光子一個の伝達を調べた結果である。

まずもって、光に偏光の方向があるということは、光子に偏光の方向があるということを意味する。考えやすくするためには、光子を五〇〇円玉コインに見立てて、円盤面を偏光面として、ものすごい速さで進んでいるさまを想像するのがよい。

偏光スプリッターを通常の上下向きに設置して、縦偏光した光子を入射させる。そうすると光子はまっすぐにスプリッターを通過する。ついで横偏光した光子を入射させてみる。そうすると光子は九〇度曲がって反射される。ここまではまったく疑問がないであろう。さて今度は右斜め偏光した光子一個を入射させる。なにが起こるであろうか。多くの光子の場合と同様に振る舞うとすれば、五〇%は通過してそれは縦偏光状態にあり、五〇%は九〇度上に反射して横偏光状態にあるはずである。

しかしこれはどういう意味だろうか。一個の光子はそれ以上に分割できないので、半分が通過、半分が反射というわけにはいかない。それに入射したとき右斜め偏光だった光子が、出てくるときは縦偏光か横偏光に変わっているのは、なぜ、どのようにしてなのだろうか。

これへの答えが量子力学の核心部分である。

右斜め偏光状態の一個の光子は、上下向きに置かれた偏光スプリッターを五〇%の確率で透過し、そのときは縦偏光状態になっている。そして残り五〇%の確率で上九〇度に反射し、そのときは横偏光状態になっている。これを図式的に書けば

(右斜め偏光の光子) ⇓ 1／2(縦偏光の光子)+1／2(横偏光の光子)

で、このように一つの光子が二つの状態の確率的混合にあることを「量子的重ね合わせ」と称する。量子的重ね合わせ状態の光子は、実際に観測が行われたあとは、どちらかの状態になる。つまり観測が状態を変化させ、重ね合わせ状態が解消され、どちらかの状態が実現する。これを「観測による量子的状態の収縮」と称する。一個の光子は当然一個の光子として観測される。それと多くの光子が集まったときの振る舞いが強度をどんどん下げても持続する、という観測結果を整合させるには、この結論しかないのである。

どのようにそれが起こるのか、というのは実は質問が逆なのである。どのようにかして、縦偏光の光子を透過させ、横偏光の光子を反射する特殊な鏡をつくったら、それは多くの光子の集まりである光の

波に対して偏光スプリッターとして働くのであり、そのような特殊な鏡の設計は、量子論に基づいて行われているのである。

偏光スプリッターの存在がこの話の本質ではないことを見るには、スプリッターの代わりに誰でもカメラ屋で買うことのできる偏光フィルターを用いるとよい。これはある特定の方向の偏光だけを通過させる装置である。偏光フィルターを縦方向に設置してみる。右斜め偏光した光子をこれに入射させると、半分の確率で透過してきて、その透過した光子の偏光は縦である。フィルターを透過しなかった残り五〇%の場合、光子は横偏光状態にあると考える他ない。実際偏光フィルターを横に設置すると、五〇%の確率で透過してきて、その透過した光子の偏光は横である。

左斜め方向に偏光した光でも話は同様である。また縦偏光または横偏光の光子を、右ないし左斜め四五度に傾けて設置した偏光スプリッターで分離したときも縦横と斜めを交換しただけでそっくり同様の結果になる。

光は光子一個一個が分離できるほどの微弱な強度になると、量子力学的な本性をあらわにする。右斜め偏光の光子は、どういう観測を行うかによって、右斜め偏光の光子とも、縦偏光の光子と横偏光の光子が確率的に半々に混じったものともみなせる。実際に観測が行われると、観測装置の設定によって、また時に他のなんの原因にもよらず確率的に、特定の偏光状態が実現する。

量子力学では、観測で二択の排他的な状態のいずれかが決まるという状況があると、必ずそれらの状態の重ね合わせの状態で相互に排他的なものが二つ実現できる。重ね合わせの状態は、観測にかけると確率的に両方の状態が見いだされる。これらの重ね合わせ状態は、別の種類の二択の観測の結果として見いだされる二つの状態でもある。前章で語った夢物語の部屋の蹴鞠は、こうして実際に光子の偏光状態で実現しているのである。そして光子の偏光は、もっとも手軽に利用できる量子状態として、いまでは量子状態を使った様々な魔術的実験の主要な道具となっている。

（2） 光の本性と量子力学の夜明け

世界は造物主の「光あれ」という言葉とともにはじまった、と古代の文献に記されているという。生命の大本が光であることは、人間界に限らず生物界すべてで普遍的に認識されているのであろう。世界全体はともかく、量子力学の世界が光とともにはじまったことは、はっきりと二〇世紀の文献で追うことができる。

光の物理的本性についての科学的な認識は、意外にも光の乏しい北国スコットランドの、瞑想的な数学者の研究室ではじまった。ジェームス・クラーク・マクスウェルは一九世紀の中頃、電気現象と磁気現象の統合について思いを巡らせていた。電流が磁場を引き起こすことはだいぶ前から知られていた。少し前にファラディの電磁誘導の画期的発見があった。円状の電線を用意して、その中を貫く磁場の強さを変えると、電線に電気が発生するのである。電気は磁気を引き起こし、磁気は電気を引き起こす。これで電気と磁気は統合されたと一般には考えられていた。これらの現象を数学的に記述したとき、出てくる方程式になにか美が欠けている、とマクスウェルには感じられたのである。

ファラデイの電磁誘導は、磁場を変化させるとその周りに円状の電場が発生した、と解釈することができる。電気と磁気は本質的に対称であるべきではないか。そうだとすると逆に電場を変化させてその周りに円状の磁場を発生させることもできるはずではないか。そのような効果を加えると、電気磁気現象を記述すべき四本の方程式が美しい対称性に輝くことをマクスウェルは発見した。

そしてそれは驚くべき帰結を生んだ。マクスウェルは自分の書き下した四本の方程式から、電場と磁場が満たすべき波動方程式を導いた。つまり電場と磁場は相伴った波動として、真空中を伝搬するという予言がもたらされるのである。その電気と磁気の波の速度を計算したときのマクスウェルの陶酔感はいかばかりであったことか。その速度は3×10^8 m/s、すなわち光の速度と同じであった。光は電気と磁気の波、すなわち電磁波である、という以外の結論はあり得なかった！

ほどなくハンブルクのハインリッヒ・ヘルツがマクスウェルの予言通りに電気の振動から電磁波をつくり出した。マクスウェルによる電磁気の理論は実験的実証を得た。ニュートンの力学、ケルヴィンの熱力学、マクスウェルの電磁気学、この三つの理論で物理学は完成した、とほぼすべての科学者に感じられた。人びとに残されたのは完成した理論の応用のみであった。一九世紀が暮れようとしていた。

光の波を特徴づける三つの量がある。波長、振動数、速度である。光の波の速度は自然界のもっとも基本的な数の一つである。それは光速cとして知られ、その値は前述の通り$c=3\times10^8$ m/s である。波長λと振動数νを掛けると光速が得られる。すなわち

$c = \lambda\nu$

波長の長い波ほど振動数が小さく、波長が短いと振動数が大きい。光の波長は我々の目には色として感知される。光の波長の分布をスペクトルとよぶ。ある特定の波長だけの光を単一スペクトル、いくつかの単一スペクトルの光の混合を線スペクトル（または離散スペクトル）とよぶ。非常に多くの波長が連続的に混合している光を連続スペクトルをもつ光とよぶ。

世を満たす光の起源に二種類があることに、当時の物理学者は気づいていた。一つは連続スペクトルの光、もう一つが線スペクトルの光である。

連続スペクトルの光は熱振動する物質から放射される。熱振動する原子の不規則な振動数が様々であるため放射されるスペクトルも連続的なのである。熱運動を特徴づける温度は、放射される連続スペクトルの光の色分布を特徴づけることが、ウィーンの法則の名で経験的に知られていた。二〇〇〇度くらいの熱運動からは赤色を中心としたスペクトルの光が、六〇〇〇度では黄色を中心としたスペクトルの光が、一万度を超えると青を中心としたスペクトルの光が放出される。光のスペクトル分布から溶鉱炉の温度が推定でき、また太陽や星々の表面温度が推定できるのだった。

線スペクトルは分離され孤立した元素から出てくる光で見いだされる。単一原子や単一分子の気体に連続スペクトルの光を通してプリズムを用いて波長で分解すると、ところどころ線状の吸収線が見られる。逆に熱してエネルギーを与えた単一原子や単一分子の気体からは同じ線状の波長に相当する光が放出されるのを見ることができる。原子や分子はその個々の特徴を反映して、特定のいくつかの波長の光だけを放出したり吸収したりするのである。この線スペクトルこそが、原子や分子の構造を解明する鍵を握っているのだった。

プランク

一九世紀の暮れ、光のスペクトルの起源を調べていた物理学者たちに奇妙な失望が広がっていった。観測されていた熱放射の連続スペクトルに、理論からの定量的な説明がつかないのであった。やがてこの失望は巨大な疑念に変わった。ベルリン大学のマックス・プランクが「光の量子説」という突飛な仮定から熱放射の連続スペクトルの正しい式を導いたのである。熱放射の光は「量子化されている」、すなわちあるエネルギー単位の整数倍でないと、物質から放出されたり吸収されたりしない、というのがその仮定であった。そのエネルギー単位は関与する光の振動数に、ある不思議な定数を掛けたものだというのだ。ベルンの特許局にいたアルベルト・アインシュタインが光電効果の考察でその仮定をもっと明確にした。それは光を波ではなく「光子」という粒子であって、その光子は光の振動数に比例するエネルギー

$$E=2\pi\hbar\nu$$

で与えられる、とするものであった。プランク定数$\hbar=10^{-34}$に我々はすでに出会っている。しかし光

は電磁波であると同時に粒子でもあるとは。これはいったいなにを意味するのだろうか。

量子論がはじまったのである。

この光の量子説は、単一の原子や分子から放出される線スペクトルについても、多くの示唆を与える。線スペクトルに対応する光子のエネルギーを組み合わせると、原子や分子がすべてのエネルギーの値をとり得るのではなく、いくつかのとり得るエネルギー状態があって、その間を移り変わる過程で、その差の分だけのエネルギーの光子を放出、吸収すると考えるとつじつまが合うのである。つまり連続スペクトルは光の量子説を、線スペクトルは原子の固有エネルギーの存在を示唆していたのである。

(3) レーザー光

光は光子の集合である一方、自然界に存在するもっとも典型的な波でもある。仮に光子一個だけが空間を伝搬しているさまを考えれば、このときの光の波とは、光子の波動関数のことに他ならない。光子が多数ある場合、個々の光子の波動関数の様子が異なると、全体でならされたものからは量子的な性質の多くは失われて、光の波は、音の波や水の波となんら変わらない「古典力学的」な波の姿を示す。実は我々が日常見なれている光は、そのようにして量子的な性質をほとんど失った光子の集まりなのである。

ところがなんらかの方法で、同じ波動関数で表される多数の光子を集めることができたならば、光子の集まり全体を、一つの波動関数で表される量子状態にあると考えることができるようになる。そのような光は、いわば我々の日常のスケールのただ中に、突如出現した量子世界の使者と考えることができるだろう。

これがレーザーである。レーザー光は単一の波長、単一の位相、単一の進行方向をもつようにすることができ、それにともなって通常の自然光とは桁違いのエネルギーを伝えることが可能である。レーザー光を最初につくり出したのが誰だったのかについては、いろいろと議論のあるところである。レーザー光のもつ特別な性質が、民生軍事を問わない様々な技術的応用の可能性を秘めていたため、多くの場所で多くの人がレーザーの実現に取り組んだからである。

レーザー光を実現するための基本的な機構が「誘導放出」である。量子系に二つの固有エネルギー状態があって、系がそのうちの低いほうの状態にあるとする。そこに二つの固有エネルギーの差と同じエネルギーをもった光子を照射すると、量子系は高いほうの状態に移行して光が吸収される。かまわずにまた同じエネルギーの光子を照射すると、今度はある一定の確率で、量子系がエネルギーの高いほうの状態から低いほうの状態へ移行して光子を放出する。このとき放出される光子は、入射する光子と同じ波動関数をもち、結局この場合同じ波動関数で表される光子が系から二個でてくる。これが誘導放出である。無数の同一の量子系を並べ誘導放出を繰り返せば、それによって無数の同一波動関数の光子が放出されるであろう。

量子論の創成期の一九一七年に、すでにアインシュタインの論文に誘導放出の存在が指摘されており、それが起こる確率が計算されていた。一九四七年にはウィリス・ラムとロバート・レザフォードによる誘導放出の実証があった。レーザー光をつくり出す具体的な方法である「光ポンピング法」まではあと一歩である。

レーザーは最初は可視光ではなく、もっと波長の長い、それゆえエネルギーの低い「マイクロ波」で実現された。それは一九五三年のことで、ロシアのニコライ・バソフとアレクサンドル・プロホロフのコンビと、アメリカのチャールズ・タウンズがまったく独立にマイクロ波レーザー（通称メーザー）を世に出現させたのである。わずかに遅れてフランスのアルフレッド・カストレルもメーザー発光に成功した。彼は一九五〇年に光ポンピング法の理論を他に先駆けて発表していたのである。バソフ、プロホロフ、タウンズの三人は一九六四年に、カストレルは一九六六年にノーベル賞を受賞している。

アインシュタイン

時は米ソ冷戦のさなかである。エネルギーのより高い赤外線、そして可視光のレーザーをつくるための熾烈な競争がはじまった。一九六〇年に最初の可視光レーザーであるルビー・レーザーの発光を実現したのは、共に膨大な予算と人員で先頭を走っていたはずの、タウンズのベル研究所のグループでも、バソフとプロホロフのロシア・グループでもなく、カリフォルニアのヒューズ研究所にいた無名の物理学者セオドア・メイマンであった。

いまではレーザー発光装置は数千円で誰にでも購入できる。セールスマンのプレゼンテーションから学会の発表まで、赤色もしくは緑色のレーザーを欠かすことはできない。よりエネルギーが高く先端産業や軍事技術上の要望が強い紫外線レーザー、X線レーザー、γ線レーザーの研究開発がいまも続けられている。

8　スピンの量子力学

(1)　スピンの方向

二状態のみをとる量子系のもう一つが「スピン1／2」系である。

スピン1／2粒子の代表例が電子である。電子のスピンを思い描くには、自転して磁場を帯びている地球を、ミクロな素粒子のスケールまで何兆分の一も縮めたものを考えるのがよいだろう。電子は大きさのない点粒子と考えられるので、自転といっても文字通り解釈することはできないが、ともあれ点状の電子が、なにか自転に類する性質をもっていて、そのために磁石の性質を帯びていると考えておけば十分である。

磁石の南極から北極に向かう矢印を書いて、これを電子のスピンの向きの表現と思うことにする。量子力学の独特な性質が端的に現れるのが、このスピンの矢印の向きについてである。

普通に考えると、三次元空間の中で、スピンを好きな方向に向けることができる。ところが量子論で許されるのは、二つの方向だけである。「いったいどの方向?」という質問がすぐ出るだろうが、それに対する答えは「観測者の設定次第」というものである。

電子のスピンの方向を観測するには、たとえば外から磁場をかけて、スピンが生み出す磁場との作用で生まれるエネルギーを測定する。そのような測定を行うと、結果はいつも二通りのいずれか、すなわち外磁場のSからNに沿った方向か、その反対のやはり外磁場に沿ってNからSの方向か、になる。電子スピンのとり得るのは、測定のための外磁場の直線に沿った、ある方向かその逆方向かの二通りだけである。ところが測定のための外磁場は、実験者の恣意でどの方向にもかけられるのである。

いま磁場をかける方向として、ちょうど九〇度だけ角度をなす二つの方向を考えることにしよう。便宜上、このうちの一つを「上向きの方向」とよび、もう一つを「右向きの方向」とよぶことにする。

宙に浮いたスピンが一つあるとする。このスピンの向きを測定しようと上向きに磁場をかけたとする。レーザーを当てて吸収や反射を測ることでスピンのもつエネルギーが測れる。そのようにして測定すると、スピンのとるエネルギーはつねに、二つの可能な値のうちの一つに見つかる。エネルギーの低いほうはスピンが磁場と同じ向きを向いた「上向きスピン」に対応し、エネルギーの高いほうが「下向きのスピン」に対応する。今度は磁場を右向きにかけてみる。そして先ほどと同様にスピンの向きを測定すると、やはり先ほどと同じエネルギーの低い状態とエネルギーの高い状態の二つのうちのいずれかになっている。それぞれ「右向きスピン」と「左向きスピン」に対応する。

仮にいま、最初に磁場を上向きにかけて、スピンが「上向き」に観測されたとしてみよう。突然磁場をゼロにして、間髪を入れずに右向きの磁場をかけたら、スピンの向きはどちら向きになっているだろうか。これを実際にやってみると、スピンは「右向き」になっているのが五割、「左向き」になっているのが五割の重ね合わせにあることがわかる。つまり結果は「右」も「左」もあり得て、これを何度も繰り返すと「右向き」になる確率と「左向き」になる確率が両方とも五〇%なのである。どのようにして毎回違った結果になるのか、そもそもどうして磁場の向きを変えるごとに電子の状態が変化するのか、それはわからない。わかることはいまの確率的な結果がすべてなのである。最初のスピンの向きが「下向き」から出発してもまったく同じことが起こる。

また最初に磁場を右向きにかけて、スピンの状態が「右向き」もしくは「左向き」であるのを確認したうえで、ついで上向きの磁場のもとでスピンの方向を観測する場合もまったく類似の結果になる。結果は確率的で、「上向き」に見つかるのが五〇%、「下向き」に見つかるのが五〇%である。

いったい磁場をかけたときに電子スピンになにが起こっているのか、量子力学はそれには応えない。単に先の事実に対して次のような「状態の重ね合わせ」に基づく解釈が提供されるだけである。

（上向き）⇓　1／2（右向き）＋1／2（左向き）

（下向き）⇓　1／2（右向き）＋1／2（左向き）

（右向き）　⇓　１／２（上向き）＋１／２（下向き）

（左向き）　⇓　１／２（上向き）＋１／２（下向き）

上向きと下向きでは、右辺の重ね合わせ状態の混合比は同じだが「位相」が違う。右向き左向きに関しても同様である。

スピンの向きに関する観測結果について、我々の直感とそれほど齟齬しないような、もっともらしい説明を与える描像が、世の中にまったくないというわけではない。

たとえば電子を微小ながら大きさをもった球と思い描いて、それが自転して磁気モーメントを生み出していると考えてみよう。磁場を上向きにかけると電子の磁気モーメントはその周りに歳差運動をはじめるだろう。歳差運動に相当する量子的な波が起こり、その波の自分自身との干渉の結果、安定な歳差運動がいくつか存在するはずである。磁場中のスピンが二つの固有状態にしか見つからないということは、たった二つの角度での歳差運動のみが安定となっていることを意味しているはずである。対称性から考えて、その二つは上下対称になっているであろう。これらの安定な歳差運動があるとき、電子の平均的な磁気モーメントの方向は「上向き」と「下向き」になるであろう。それが磁場を上に向けたときの二つの可能なスピン向きに対応していると解釈するのである。

磁場を右にかけたとき、まったく同様に考えて、「スピン右向き」と「スピン左向き」の状態に対応する電子磁気モーメントの二つの歳差運動を考えられるだろう。こうすると磁場を突然上向きから右向きに切り替えたとき、その詳細なタイミングによって、可能な二つの新しい歳差運動のどちらに移行するか確率的に決まる様子が、了解できるようにも思える。

しかしこの種の描像が、重ね合わせと観測による確定という量子力学的な抽象的理解に対比して、実際になにかの役に立ったという例はない。それによく考えるとこういう理解はいろいろな問題を含むことがすぐにわかる。たとえば、電子の半径は知り得る限りの上限をとって考えても極端に小さく、その

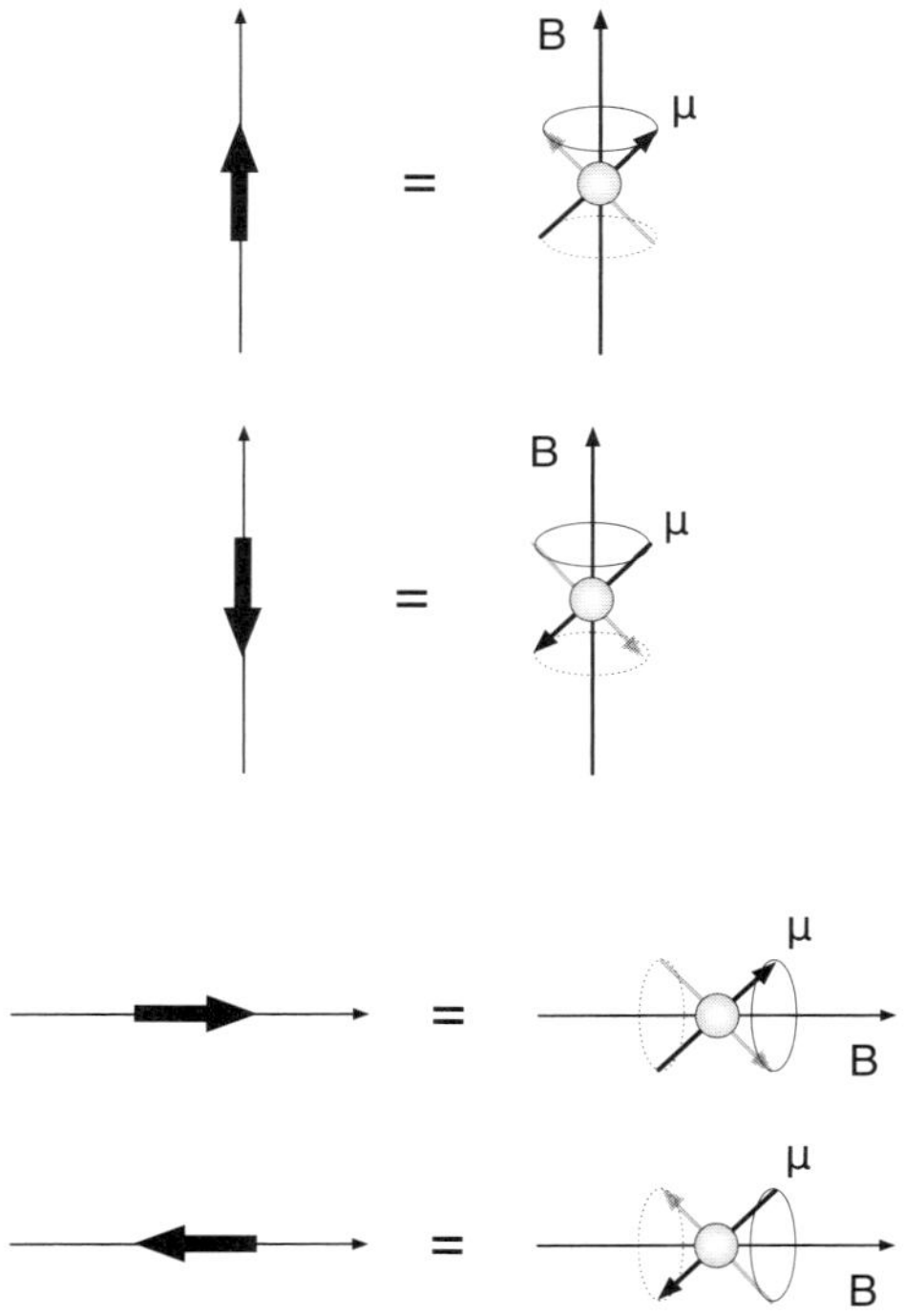

B は磁場，μ は磁気モーメントを表す

場合の表面の自転速度は光速を超えてしまいそうである。するとおそらくは一般相対性理論をもち出す必要があり、その場合こんな素朴な描像が維持できるかすら不明となる。実際、スピンの発見の歴史を

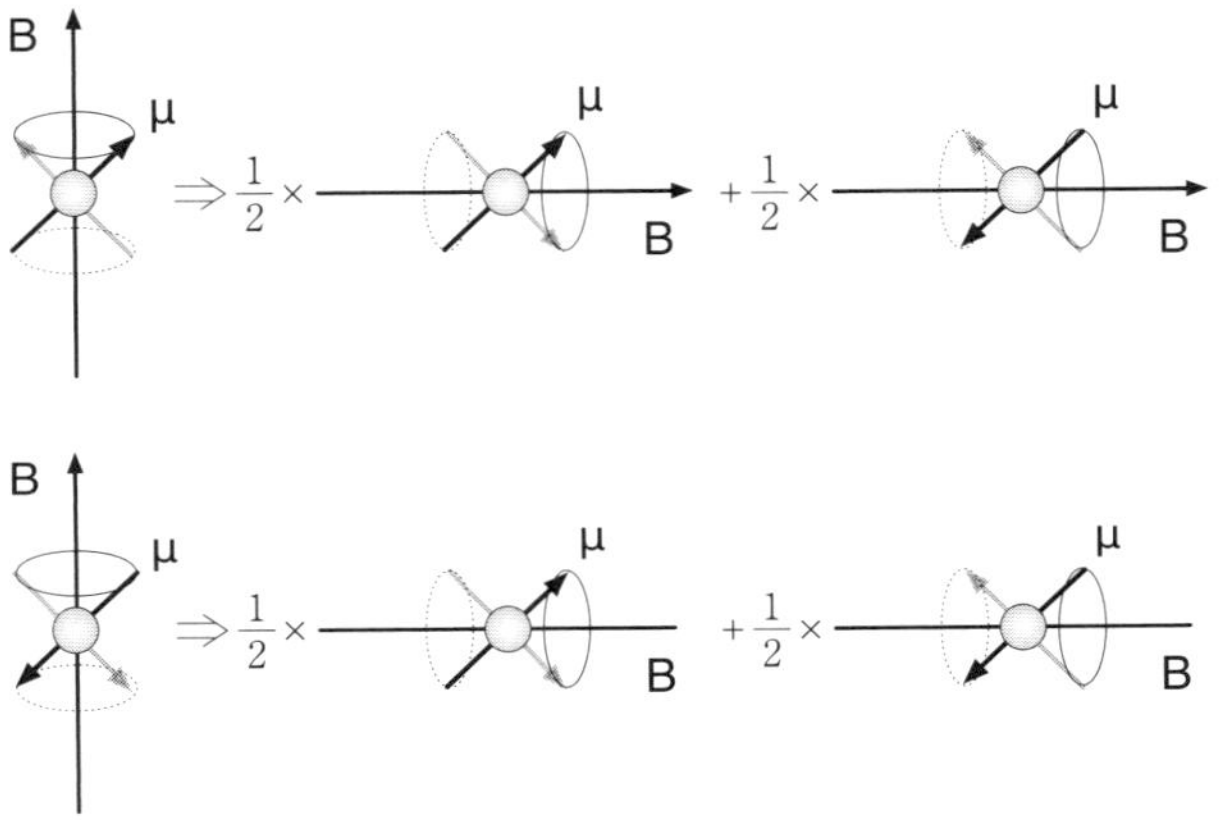

追っていくと、このような紆余曲折と混乱に彩られたスピン理解に出会うことになる。

(2) スピンの歴史から

電子のスピンが発見された直接のきっかけはオットー・シュテルンとヴァルター・ゲルラッハの実験である。磁場のある空間に電子線を通すと軌跡が二つに分岐する。これは電子自身が磁気モーメントをもっている直接的な証拠である。帯電した粒子が磁気モーメントをもつには、電子がなにかの周りに回転運動をせずとも自分自身の内部に角運動量をもっているからだ、とするのが自然である。

実はそれ以前にも、電子が内在的な角運動量をもつ証拠はずっと存在していた。異常ゼーマン効果というのがそれである。これもまた磁場と関係した現象である。原子を磁場の中に置いた場合、電子の回転運動のエネルギーが、回転の方向に応じて変化する。そのため固有エネルギーを表すスペクトル線が、磁場をかけないときは一つだったものが磁場をかけた途端いくつかに分かれる現象がゼーマン効果として知られるものであった。ところがゼーマン効果で分かれるスペクトル線の数が、ときどき理屈で考えるものの二倍になっている場合が見つかっていて、これが異常ゼーマン効果として、一九二〇年頃の多くの量子力学研究者を困らせていたのである。電子自身になにか内在的な回転運動があれば、これが異常ゼーマン効果の問題を解決することに、ミュンヘン大学のパウリは早くから気づいていた。

ところがパウリが頭を悩ませていたのは、電子の内在的な回転説が特殊相対性理論とそりが悪い事実であった。小さな電子が回転すれば表面の速度はものすごいものとなり、相対論的効果で電子の質量はとてつもなく大きくなってしまう。そこでパウリは電子固有の内在的角運動量を、物理的実体を指定しないまま「電子の第四の自由度」とよんだ。三次元空間内運動の三つの自由度以外の四つめという意味である。

シュテルンとゲルラッハの実験からほどなくして、ある論文を見たパウリは怒りを抑えられなかった。無名の若手二人の手になるその論文には、電子が自転運動を行うとの説が述べられていた。著者たちはそれが電子と磁場に拘るあらゆる現象をうまく説明すると書いていた。友人との書簡で、そして学会の講演で、パウリはこのとんでもない自転説を、口を極めてこき下ろした。その話は論文の著者であるライデン大学のジョージ・ウーレンベックとサムエル・ハウトスミットにも伝わった。彼らの反応は伝わっていないが、これが彼らを意気消沈させたことは想像に難くない。そもそもこの論文が出版された経緯自体が、彼らの手を越えたところにあったたぶん、それはなおさらであったであろう。二人の師匠であったライデンの教授エーレンフェストが、「いろいろ不満足な点はあるが、若気の至りということで、この面白い論文を出版させよう」との主旨で、勝手に雑誌に投稿してしまったのである。

パウリの毒舌ぶりは、当時すでに伝説の域に達していた。まだ二〇代前半のミュンヘン大学の助教時代に、すでに相対論のりっぱな解説書を書いていたパウリであるが、遠路ベルリンから来たアインシュタインの講演に列席したときのコメントが「いまのアインシュタイン氏の講演は、実はそれほど馬鹿げたものではない」であった。査読に回ってきた若手の凡庸な論文に対して「これは間違ってすらいない」、そして「彼はこんなに若く、こんなにすこししか達成していない」といった話も知られている。

こういった評判だけでも、当時の若手を萎縮させるに十分であっただろう。

パウリの奇矯さは年々嵩じていった。パウリの伝記を繙くと、この稀代の天才のいろいろな逸話が出てくる。彼が昼すぎまではほとんど研究室におらず、夜ともなればミュンヘンの酒場やさらに怪しい地帯ばかりうろついていた話。原子物理の微細構造定数137の数秘術的な起源について、これもまた患者との常習的不倫で有名なウィーンの精神分析医ユングとつるんで酩酊の議論を重ねたうえで、きわめて怪しい論考を大まじめで書いていた話。

晩年のアメリカ時代のパウリの姿も伝わっている。それによると若い人を中心にプリンストンでは、みながパウリを避けていたという。セミナーの前のティータイムにみなが談笑しているとパウリの姿が見える。すると蜘蛛の子を散らすように、みんながティールームから消えてしまう。どの講演会のときも、しまいに誰もいなくなったテーブルの前に、怪僧のような様子のパウリが一人立っている。そして並べられているお菓子を、片端から黙々と、全部なくなるまで食べているのが目撃された。

パウリ

パウリが毒舌だけでなく天才としても恐れられた所以は、電子のスピンのその後の話からも了解される。頭の中で電子が自転する描像を描こうが、それを単なる抽象的な第四の自由度と思おうが、それは好みの問題といえよう。しかしその電子のスピン角運動量を、数学的に正しく記述する方法は一つであって、それを見つけたのはパウリである。それはお互いの積の順序を変えると符号が変わる三つの不思議な数であった。いまではこの三つの数をパウリ行列という名前でよんでいる。この三つのパウリ行列に単位元を加えた四つの数は、それらだけで閉じた代数的構造をなしている。この四つの数は、かの大数学者ハミルトンの最後の夢であった「四元数」と本質的に同じものであった。

(3) 核スピン

電子のスピンの発見により、原子物理学の基礎が完成した。原子や分子の構造は単なるシュレーディンガー方程式の計算問題となったのである。実際に複雑な分子について、その計算が可能かどうかは別としてではあるが。それは化学の基礎としての量子力学が整備されたことをも意味する。

やがて量子力学研究家の興味は、原子核の周りを回る電子の動きから、原子核の構造へと移っていった。原子核から時に放出されてくる放射能のとてつもないエネルギーの、技術的利用への興味がそれを後押しした。時代の政治情勢はいよいよ風雲急を告げていた。原子核に秘められた巨大なエネルギーの解放に、国家運営者の興味が、とくに軍事関係者の興味と資金が注がれるようになった。

原子核は多数の陽子と中性子からなり、その大きさは原子の大きさの一〇万分の一である。電気力で反発する陽子をこんな小さな領域にとどめておくには、真に巨大な未知の力が働いていなければならない。いまでは「強い力」の名で知られるこの力については、まず粗暴な形での力の解放があり、本格的な研究については戦争の終結を待たねばならなかった。

研究がはじまるや否や、研究者たちに一つのことが明らかになった。陽子や中性子のスピンの相対的な向きに依存して、核力はその大きさや符号までも変化させるのである。そのことを初めてはっきりと認識したのは核力の解明者、湯川秀樹である。彼は陽子や中性子を結びつける力の起源をスピン1の粒子の交換に求め、そこから力の強いスピン依存性を予想したのである。交換されるはずのスピン1の素粒子は予言通り見つかり、湯川は時の人となった。

核を結びつける力の強いスピン依存性は、意外な帰結を生む。それがあるために、原子における異常ゼーマン効果に相当するものが、原子核にあっては巨大になり、原子核の固有エネルギーの全体の構造を支配しているのである。その一つの重要な帰結が原子核の魔法数である。これはそれだけの数の陽子や中性子が集まると、原子核がとくに安定になる数で、2、8、20、28、50、82、126と続く。原子内の電子の集まりにも魔法数はある。それは2、10、18、36、54、86、118と続き、これが元素の周期律表の起源であることはいうまでもない。両者が異なるのは、強い力の場合と違って、電気力にはスピンの向きの依存性がないせいである。原子核の魔法数と原子の魔法数の齟齬は、物質の核物理的安定性と化学的安定性とのズレをもたらし、ある意味でこれが世の中の多様性の一つの元ともなっている。化学的に安定な希ガスは、ヘリウムを例外として世界にあまり存在せず、一方さして化学的に安定なわけでもない酸素、カルシウム、鉛といった核の魔法数に相当する物質が、世には多く見られるのである。

核スピンの重要な技術的応用に核磁気共鳴がある。これを用いた精密な体内スキャンや実時間での脳内スキャンは、今日の高度医療には欠かせないものであり、脳科学の最近の進展もこれに大きく負っている。

II

我々の身辺の諸物に見られる量子の不可思議な反照について

それは誰の顔だか
まったくわからない
たとえば　水中のような
べつの世界につきだされている
——村野四郎「詩人の彫像」

9　量子の魔法部屋の用途

（1）　BB84量子暗号プロトコル

量子的な状態とその観測の、奇妙で理解しがたい性質は、これをうまく用いれば、奇妙で理解しがたい不思議な新技術を生み出せるかもしれない。このように考えたのがオックスフォード大学のデイヴィド・ドイチにはじまる一群の理論物理学者で、彼らの諸発見は「量子情報」の名でまとめられ、いまでは物理学界の中の一つの勢力として認知されている。

ここではそのような量子情報理論の中から、もっともわかりやすいと思われる「量子暗号」について述べてみよう。ここで必要なものは、相補的な観測窓をもった量子的な蹴鞠の部屋のある小屋だけである。

話はこうである。

あなたはある特定の人物とだけ、その人と直接会うことなく「010110111001」といったような「0」と「1」からなるランダムな数の並び、すなわち乱数列を共有したい。これをその人物とだけ安全に通信する暗号に用いる鍵にするのである。そこであなたは量子状態に「0」「1」の情報を託し、これを受信者に送って知ってもらおうとする。問題はスパイが間に割って入って、この量子状態の情報を盗み見する可能性があることで、これをどう排除するかが暗号通信の肝である。

我々のたとえ話では、量子状態は魔法の部屋の蹴鞠として収まっていて、あなたがこれを小屋ごと受信者に送りつけるのは不可能なので、次のように通信の設定を読み替えよう。

あなたがまず小屋の廊下に入って、蹴鞠の状態が、送りたい情報に対応するものになったところで部屋を去る。少し経って受信者がこの小屋を訪れて、窓を開けて蹴鞠の位置から情報を読みとる。ただしこの二つの事象の間、小屋は監視されておらず、スパイが来て廊下の窓を開けて蹴鞠の位置を盗み見する可能性がある。あなたと受信者はどのような約束事をすれば、スパイの盗み見にもかかわらず安全な情報交換ができるだろうか。

まず、同じ窓から続けて観測すれば、蹴鞠の左右は動かないが、その間に別の窓からの観測が割って入ると蹴鞠が動く可能性がある、という量子的事実を、もう一度思い起こしておこう。

あなたは受信者と、先ほどの魔法の部屋をこう使う約束にする。

＊　まずあなたが廊下を行き来して何度か両方の窓を交互に開けて中を覗いて、気分で適当な回数でやめて、中の蹴鞠が右に見えたら「0」、左に見えたら「1」とノートの最初の行に記録する。そ

の行にはその観測が「北窓」からなのか「東窓」からなのかも記録する。そして立ち去る。
＊ その後適当な時間をおいて、暗号を共有したい人物が廊下に入り、気の向くままのほうの窓を開けて、蹴鞠が右だったら「0」、左なら「1」とノートの最初の行に記録し、さらにその行にはその観測が「北窓」からなのか「東窓」からなのかも記録する。そして立ち去る。
＊ これを十分な回数繰り返してやめる。両者とも毎回量子ビット「0」または「1」と、観測窓の情報「北」または「東」を、自分のノートの新しい行に記録していく。そしてあなたとその人物は、電話やインターネットといった盗聴可能な公開の場で、各回ごと、双方がどちらの窓から蹴鞠を観測したのかを確認し合う。一回目はあなたは「北窓」で相手の人物は「東窓」、二回目はあなたも相手も「北窓」、……といった具合である。
＊ そしてあなたも相手も、双方が違った窓を選んだ回のデータは横線で消して、一致した窓を選んだ回の「0」「1」だけを残して、それを順に並べて「0010100111000 1」といったものを、各自でつくっておく。これが欲しかった秘密に共有された乱数列の候補になる。
＊ この手順を何度も繰り返し、必要なだけの共有乱数列の候補をためておく。
これだけのことである。

もし二人が廊下に入る間に、誰も廊下に入って窓を開けていないとすれば、こうして別々につくった乱数列は完全に一致するであろう。なぜならば、データの残された回はあなたと相手は同じ窓から蹴鞠を見ており、それゆえ蹴鞠は同じ位置に止まっているはずだから。

もし二人が廊下に入る間に、スパイが廊下に入って窓を開けてデータの盗難を試みたとしてみよう。スパイにはどちらの窓を覗いていいのか、なんの情報もないので、どうしてもある頻度で、あなたの選んだ窓と違った窓を開けて蹴鞠を覗くであろう。そうすると仮に、この回の通信相手があなたと同じ窓を選んで、データが共有されるべき乱数列に算入された場合、スパイが観測することによって蹴鞠が動くこともある。

つまりスパイがデータ盗聴を試みると、この手順でつくった乱数列の候補の中の一部に、あなたと通信相手で齟齬が発生することになる。

そこで次のようにすることで、盗聴不可能な安全な乱数列の共有ができることになる。

＊ 溜まった共有乱数列の候補から、ランダムに選び出して、それを電話やインターネットといった公開チャネルで照合する。両者に齟齬がなければこの通信は盗聴がないものとみなせるので、公開照合したデータを捨てた残りの候補データを、安全に共有された乱数列とみなす。

＊ もし公開照合した二人の共有乱数列候補に、しかるべき頻度で齟齬があるようなら、それはスパイの存在を示すので、溜められた共有乱数列候補はすべて破棄する。そしてまた別の機会に同じ試みをすることにする。

いうまでもなく、ここでいう魔法の部屋の中の蹴鞠というのは、実現に際しては、たとえば電子スピンの二つの垂直な方向に沿った測定、また光子の偏曲で置き換えるわけであり、あなたと通信相手はとくに同じ部屋を別々に訪問しなくとも、離れた距離にあって、スピンや偏曲方向をきちんと保ったまま、電子なり光子なりを交換すればよいわけである。

この秘密乱数列の安全な共有の方法は、一九八四年にこれを考案したチャールズ・ベネット、ジル・ブラッサール両博士にちなんで、量子暗号のBB84プロトコルとして知られている。

量子暗号の実際の実験は九〇年代末にはじめられて、もういまでは、民間企業複数が制作した暗号通信試作機間の交信が成功裏に行われている、とマスコミでも報じられる段階になっている。

(2) ロヴ・K・グローヴァー博士の検索

二状態の量子的粒子を、0と1からなる一ビットの情報と読み替えて、この量子状態を操作して古典的には不可能な計算を行う試みが「量子計算」である。現存の量子計算のアルゴリズムは、大別してドイチ＝ジョサ型のものと、グローヴァー型のものに分けられる。因数分解を通常の「古典的」計算アルゴリズムに比して劇的に高速化する「ショアのアルゴリズム」もドイチ＝ジョサ型に属する。このピーター・ショアの一九九五年の発見によって、量子計算は一般社会にあってまで大きな話題になったのであった。ドイチ＝ジョサ型のアルゴリズムでは、演算速度の量子的な加速は指数関数的である。より正確にいうと、古典的には指数的複雑さをもつ演算が、ドイチ＝ジョサ型の量子アルゴリズムでは代数的複雑さにとどまる。つまり計算に登場する特徴的な数をNとして、通常の古典計算ではe^Nに比例する計算ステップ数が、量子的計算ではある数mがあってN^mに比例するようにできるのである。

「宇宙の寿命ほどもかかっていた二四桁の数の因数分解が、十分容量の大きな量子計算機があれば、数時間でできてしまう」というのがうたい文句である。現代のインターネットセキュリティの根幹であるRSA公開暗号の安全性は、この巨大な数の因数分解の事実上の計算不可能性に基づいている。それゆえ量子計算機の本格的登場は実社会に巨大なインパクトをもたらすとされたのである。

幸か不幸か、二四桁の大数の因数分解を行えるような量子計算機は、さしあたりできてくる兆しがない。実現は早くて三〇年、いや五〇年または八〇年、といった時間スケールで語られているのが現状である。二一世紀の初頭、七ビットの量子計算機を用いて15＝3×5の演算を理論通り量子的に行えたという報告以降、技術的な障害に阻まれて、本質的な進展がないままに止まっている。なんらかの新たなブレークスルーが待たれている様子である。

グローヴァーの検索アルゴリズムのもたらす量子的な加速は、ずっと控えめなものである。それによって、古典的にはNに比例するステップを要する計算を、$\sqrt{N}$に比例するものに置き換えるにすぎない。それでもけっして無視できない加速であることは、Nを一万とすると$\sqrt{N}$が一〇〇であることを見てもわかる。これですでにもう一〇〇倍の加速である。

N本のおみくじがあって、その中の一本だけが「当たり」である。当たりはくじを引いてみなければわからないものとする。平均的にいって何回引くと当たりに出くわすか、というのが問題の設定である。少し考えると、通常の「古典的」な引き方では平均的にいってN／2回引く必要があることがわかるだろう。量子的な引き方ができるとして、これをより効率的にできるだろうか。

N本のおみくじをN個の量子状態で表す。一番簡単なのは$N=2^m$となる数mだけ、二状態の量子系を用意すればよい。はずれくじの状態に作用するとプラスで、当たりくじの状態に作用したときだけマイナスを与える「検索演算子」を考える。この検索演算子が「くじを引いて当たりを確かめる」という操作に対応すると考えるわけである。

はずれや当たりの状態を個別にもってきて、この演算子を作用させる。状態の符号がマイナスになったことが観測された時点で「見つかった」と宣言する。これだと平均N／2回の試行が必要である。これは古典的演算そのものを、単に量子状態の検索という設定にしただけである。

ところが量子状態としてはこれ以外に、個別のはずれや当たりの状態を確率的に混ぜた、重ね合わせ状態もつくれるではないか。そこでまずはすべての状態を均等に混ぜた重ね合わせ状態を用意する。これは（当たりでもはずれでも）任意の一つの状態に「アダマール演算子」とよばれるものを作用させることでつくることができる。

この「全状態の均等な重ね合わせ状態」に検索演算子を作用させる。すると当たり状態の位相だけを変えた新しい状態ができる。ここでこの状態について観測を行いたい誘惑は避けて、かまわずこの新しい状態にアダマール演算子を作用させる。それでできてきた状態に検索演算子を作用させて、それにまたアダマール演算子を作用させる。この複合操作を$\pi\sqrt{N}/4$回ほど（もっとも近い整数回）繰り返し行う。するとそのときに出てきた状態は、ほぼ純粋に当たりに相当する単一状態に変化している、ということが証明できるのである。

スピン1／2のイオンをたくさんもってきて、これをイオントラップで集めることは、今日では容易である。電場や磁場、イオンの種類、レーザー光の照射を用いて、系の特定の状態になんらかのマークをつけたり、その状態に対してのみ位相を反転する操作を考えることは簡単である。アダマール演算子に相当する操作も割と簡単に実験的に実現できる。それゆえ、グローヴァー検索を現実の物理系で実現することはけっして困難ではなく、このアルゴリズムによる$\sqrt{N}$ぶんの量子的加速は、我々の前に現にあるものだと考えることができる。これを一般化して発展させ、なにか有用な現実の問題の解につなげることも、すぐにできそうに思えるではないか。

グローヴァー検索で行われていることは、見方を変えれば、すべての状態に均等に広がっている波動関数から出発して、その中の特定の状態に最小のステップで波動を収縮させていく操作である。これを「観測による波動関数の収縮」と比較して考えるのは興味深い。物理系の通常の発展法則とは隔絶して生起すると理解されている「観測による瞬間的な収縮」を、通常のシュレーディンガー方程式のもとでの発展で模倣するための、一つの物理的モデルを与えているとも考えられるからである。

一九九七年の夏、開学したばかりの高知工科大学のB棟四階のピカピカの研究室で、筆者は『フィジカル・レヴュー・レターズ』誌を眺めていた。偶然ロヴ・K・グローヴァーという著者の不思議な題名の論文に出くわした。曰く「藁の束中の針を探すのに量子力学が助けになる」。そこには上記の量子アルゴリズムが、分野の素人の私にもよくわかるほどに、きわめて明快に書かれてあった。感嘆の念でいっぱいになって、論文を手にしたまま、もう一方の手に空になったコーヒーカップをもって、エスプレッソマシンの置いてあるコモンスペースに向かった。そこにいた先客が情報学科のインド人教授プラモード・バート博士であった。「量子情報の最新成果が出てますよ。けっこう画期的かも」との私の言葉を聞いて、論文を取り上げたバート博士の目に驚愕の色が浮かんでいた。「グローヴァー君じゃないか」と彼はいった。前職のインド工科大学時代の指導学生だというのである。「実によくできる子だったよ。彼は理論物理に進出してたのか」というのがバート教授の評であった。

一〇億を超えるインド人のなかで、グローヴァーというたった一人の人間のたった一人の大学の恩師に、廊下を数十歩歩いていきなり行き当たるとは！　この真に量子検索的な巡り合わせの奇跡に、二人して驚嘆したものである。

10　量子状態と原子の成り立ち——物と波その1

(1)　量子力学と原子

量子的な粒子は確定的な状態にあるとは限らず、その不確定性が波動関数という波の姿をしていることとの、一つの重大な帰結が「量子状態」の存在である。「固有状態」という専門的ないい方もよく使われる。

たとえば電子を箱の中に入れるとする。電子が箱から出ないとすると、箱の外での波動関数はゼロであり、すると箱の壁の位置でもゼロであろう。これが箱の中でどんな形の波動関数が安定的にあり得るかに制限を与えることになる。ちょうど管楽器の中の空気の波や、弦楽器の弦の上に立つ波の形が、管の形や弦の長さに応じて、ある種のものだけに制限されるのと同様である。

箱に閉じ込めたり、なにかの力を加えて有限な空間に押し込められた量子的な粒子は、とり得る波動関数の形をこのように制限されて、箱の型ごとにある決まった一つ、二つと数えられる状態をとってのみ安定的に存在が可能である。このような安定的状態が「量子固有状態」といわれるものである。量子固有状態は通常、状態ごとに決まったエネルギーをもち、このエネルギーの値を「固有エネルギー」とよぶ。

つまり有限な区間に量子的粒子を押し込めると、その粒子のとり得るエネルギーが、とびとびの「固有エネルギー」だけに制限される、というわけである。このように本来連続的と思われる物理的な量が、連続でなくとびとびの値をとるようになることを「量子化」とよぶ。

とびとびの固有エネルギーのうちの、もっともエネルギーの低い状態を「基底状態」という。基底状態よりエネルギーが高いそれ以外の状態すべてを「励起状態」とよぶ。量子的な物体は励起状態にあっても、放っておくと、差分のエネルギーを光子として放出して、安定な基底状態に遷移してしまう。

こういうと縁遠い難しい話のように聞こえるが、我々の周りの例に引き寄せて「量子化」を考えれば、その奇妙さがわかりやすいだろう。ビリヤードで遊ぶとして、ビリヤードの球の速度は我々が打ち方を変えればどんな値にでもできるだろう。そして他の球にあたるか、穴に落ちるまではずっとその速度で動き続ける。もしこのビリヤードが量子的だとしたら、ビリヤードの球のとれる速度が、とびとびの値になる。たとえば秒速0.1 m, 0.2 m, 0.3 m, ……はあっても秒速0.32 mや0.55 mは許されない、という具合である。

量子固有状態を定める一般的な規則は、発見者の名をとって「シュレーディンガーの波動方程式」または単に「シュレーディンガー方程式」とよばれる。「量子力学の問題を解く」というのは、多くの場合、与えられた設定でのシュレーディンガー方程式の固有状態と固有値を求める、ということである。

原理的には電子の運動に対するシュレーディンガー方程式を解けば、原子一個一個の構造から、金属の中の電子の動きまでがわかり、それから金属の輝きの具合や電気抵抗といった諸性質が導きだせる。ただこういうことを実際行うのは、とても骨の折れることである。とくに関与する粒子が多数になって、その粒子間の相互に及ぼす影響が複雑になると、実際に有用な精度の解を得るのは容易ではない。それで量子力学的な計算だけでも、物理学、材料工学、電子工学、化学、分子生物学といった様々な分野ごとに専門家がいるわけである。

電子の状態がシュレーディンガー方程式の解である波動関数で与えられるとすれば、その電子の性質を測定したときの物理量はなにで表されるのであろうか。シュレーディンガーが自分の導いた方程式を考察して得た結論は、それが波動関数に作用する「演算子」で表されるという結論である。シュレーディンガーが最初に書き下した形では、波動関数はさしあたって電子の位置 x の関数である。電子の位置を表す演算子は x そのものである。ところが電子の運動量を与える演算子は、位置に関する微分に虚数単位 i を掛けてマイナス符号を付けた $-id/dx$ という不思議なものである。実際に観測される物理量の数値はこの演算子とどういう関係にあるのだろうか。物理量の値はどうもはっきりせず、厳密には一つには決まらないようなのである。しかしその平均的な値は、波動関数に演算子を作用させて、それに波動関数の複素共役（虚数単位 i を $-i$ で置き換える操作をしたもの）を掛けて位置で積分して得られることに、シュレーディンガーは気づいた。しかし物理量が演算子で表されるという事実のつじつまのあった解釈には至らなかった。今日の視点から見れば、それは物理量の値が確率的に分布しており、また観測の方法によってその確率分布も変化し得ることの、数学的な表現の一つなのである。

量子力学で最初に解かれた現実的な問題は「水素原子」の固有状態と固有エネルギーであった。

水素原子というのは「もっとも簡単な原子」で、一個の電子が、中心にある陽子とよばれる重い粒子の周りを電気力で引かれて回っている。電子はマイナスに、陽子はプラスに帯電しているからである。二〇世紀の初めには、水素原子が光を吸収したり発光したりするときに、ある決まった規則のとびとびのエネルギーのみでしか起こらないことが、実験的に知られていた。そのとびとびのエネルギー状態間を電子が移り変わるとき、差分のエネルギーが光の放出吸収として外部に観測される、と考えれば、水素から放出される光の線スペクトルが説明できたのであった。この水素のとびとびのエネルギーは、水素原子の「離散的エネルギー準位」として知られていた。

陽子の周りの電子の運動を記述する量子力学的な波動方程式は、シュレーディンガーによって一九二五年に初めて書き下された。彼はさっそくその方程式の解を探した。求まった固有エネルギーは、観測から導かれた水素のとびとびの離散的エネルギーとぴったり一致した。その瞬間シュレーディンガーは、自分が世紀の大発見を成し遂げたことを確信したのである。

水素原子の離散的エネルギー順位が、理論から正しく導かれたこと自体は、実はこれが初めてではなかった。シュレーディンガー方程式の発見を十年以上遡る一九一三年、デンマーク人のボーアがすでにそれを行っていた。彼が考えたのは、陽子の周りを電子が回転するとき、その回転運動が「量子化」されて、ある種の特定の運動のみが許されるのではないか、という推測である。ちょうど光のエネルギーが量子化されて、プランク定数の整数倍のとびとびのエネルギーしかとらないのと同様なことが、電子にも起きているはずだと考えたのである。プランク定数hは質量×距離×速度という次元をもっている。回転運動には、その回転の勢いを特徴づける「角運動量」という量があるが、これがちょうどこのプランク定数と同じ質量×距離×速度の次元をもっていることに慧眼なボーアは気がついた。陽子を周回する電子の回転運動では、角運動量がプランク定数の整数倍のものだけが許されるにちがいない。そうやって得た「量子化された」回転運動のエネルギーをボーアが計算すると、それは観測されていた電子のエネルギー準位と一致したのである。

ボーアの水素原子モデルの不思議な成功によって、微視的世界の物事は「プランク定数の整数倍」で量子化されている、それは光のみならず、電子の運動に関しても起こっている、という考え方が徐々に地歩を得ていった。しかしなぜ量子化が起こるのか、いったい量子化の意味はなにかという疑問には、長らく誰も答えられなかった。

それを変えたのがフランスのルイ・ド・ブロイである。

光は明らかに波の性質をもつのに、ときとして光子という粒子として振る舞う。この光の不可解な性質に人びとはずっと悩んできた。ド・ブロイは考えた。ここは悩む代わりに発想を逆転させて、「物と波の二重性」が光特有の性質ではなく、あらゆる微視的存在の普遍的性質だとしたらどうだろうか。電子も、陽子も、あらゆる原子も、すべて粒子であると同時に波の性質ももつのではないか。試行錯誤の末、ド・ブロイは速度vで運動する質量mの粒子は

$$\lambda = h/(mv)$$

で与えられる波長をもつ「物質波」であるべきだと結論した。陽子や原子といった重い原子についてこの波長を計算すると、それは典型的には原子の大きさの何万分の一となって、原子のスケールではそれらの波動性はあまり感じとれないはずである。しかしそれよりずっと軽い電子を考えると、その物質波の波長は、原子の大きさとちょうど同程度になる。電子に波としての性質があれば、それは原子スケールでの運動に決定的な影響を及ぼすだろう。ド・ブロイは、電子の物質波説を具体的に水素原子に適用してみた。陽子の周りを回転する電子は波でもある。その波長は軌道ごとに物質波の波長の式から決まるであろう。ところが波が安定的に存在するためには、軌道を一回りしたときにつじつまの合った形で波が存在しなければならない。それが可能なのは、明らかに、軌道の円周の長さが波長の整数倍であるときのみである。こうした考えに沿って、ド・ブロイは安定軌道の条件を導いた。結果は「電子の回転運動の角運動量はプランク定数の整数倍」というものであった。まさにボーアの量子化条件そのものである！

ド・ブロイの物質波説は、それでもまだ、多くの人にあまりにも突飛だと考えられていた。これが正しい説として完全に認知されたのは、ジョージ・パジェト・トムソン、そしてクリントン・デイヴィソ

ンとレスター・ジャーマーによって、結晶に通過させた電子線に、波に特有の「回折」および「干渉」の現象が見られることが確認されたあとであった。

歴史的にいえば、ボーアのとびとびの量子エネルギー説もド・ブロイの粒子＝波動二重説も、量子論の嚆矢であるプランクの光量子説に触発されて出たものである。前にも触れた通り、プランクは高温の製鉄炉の中の光の色の分布を説明しようと、従来は間違いなく波だとされていた光が、都合に応じて粒子の性質も示すのだという苦し紛れの説を、ちょうど一九世紀の終わる一九〇〇年に唱えていたのである。

そしてシュレーディンガーが彼の方程式を導出したのは、大学のコモンスペースで偶然見かけたド・ブロイの論文を読んだからである。現在の量子論が完成したのは、ボーアと彼の周りにいた量子物理学の若獅子たち、ハイゼンベルク、ディラック、ジョルダンたちが、シュレーディンガーの波動方程式に出てくる「粒子の波動関数」の意味と格闘した末なのである。

(2) 原子論の歴史から――デモクリトスとエピクロス

原子という概念の発祥は、よく知られているように古代ギリシャに見いだされる。原子を意味するアトムというギリシャ語自体が「分割不能」というデモクリトスの造語である。虚空の中を飛び交う無数の微粒子の織りなす豊穣な世界、というデモクリトスのヴィジョンの、なんと鮮烈で近代的で詩的なことだろう。

ところが量子力学を知る我々にとって、デモクリトスの原子論にも増して興味深いのが、「隠れて生きよ」の哲学者、エピクロスの原子論である。そこに一種の量子論の萌芽が見いだされるからである。デモクリトスの元祖原子論では、アトムは物と衝突するまで、自然の性向に従って一定速度で動くとされている。これはガリレオやニュートンの観点に近いもので、後世から見て「古典力学的」であり「決定論的」といえるだろう。

ところがエピクロスの考えた原子は、ときどきランダムに動きを変えるのである。アトムはまっすぐな動きに混じって、時に応じて「偏る」というのがエピクロスの表現である。そう考えた理由の一つは世の複雑性多様性の説明である。ランダムな「偏り」または運動の変化があってはじめて、原子同士が複雑な衝突を起こして相互作用を行い、それが積み重なって我々の周りの世の中にあるような豊穣な多様性が生ずると考えたのである。そして理由のもう一つが、人間やその他生命体の「自由意志」の存在の説明であった。原子が決定論的に動くだけで世が構成されているならば、世の進行に我々の裁量が影響を及ぼすことはないはずである。ところが我々が日々目にするのは、我々各自の自由意志の発現の積み重ねで世の進行が形づくられていくさまであって、これが究極的には「原子の非決定論的な偏り」に起因すると、エピクロスは考えたのだ。

エピクロスは、世界を進行させている要因として、原子の必然の進行、偶然の偏向、そして行為者の自由意志、の三つを明確に考えた最初の人であった。

偶然の余地があってこそ自由意志の存在が許容され、それがあって初めて、行為者の倫理的責任という概念が、神のない原子論的世界においても、改めて導かれるのである。これがさらに進んで、生命の自由意志——因果の連鎖に掣肘されない目的性——が、この「原子の偏り」に影響する、とまで彼はひょっとして考えたのだろうか。仮にそうだとすれば、エピクロスこそが、量子論の観測の理論の遠祖であるともいえるだろう。さらには最近のコンウェイの「素粒子の自由意志説」の源流が、エピクロスにあるようにさえ思えてくる。

この非決定論のまじった「量子的」原子論に基づく倫理の導出から、エピクロス主義がどう導かれるのかは、なかなか一筋縄では理解しづらい。ここでいうエピクロス主義とは、世の雑事を逃れて静かな善（快楽）の追求を行うべし、という一種の余裕のある傍観者の倫理である。しかしデモクリトスの明晰な原子論は、発展期の社会の健全な参加型市民主義と、なんとなく親和性があるようにも感じられる。

そして一方でエピクロスの原子論には、どことなく末世のけだるい香りが漂っていて、これが安定期衰退期の社会の、斜にかまえたすこし投げやりな倫理と共鳴しやすいのか、と思えないでもない。

いずれにせよ古代ギリシャ思想の現代性に、あらためて感嘆するのである。あるいはむしろ本当に感嘆すべきは、遠い時代や場所の見知らぬ人びとの書き物の中に、好き勝手に自分の関心を投影する、我々自身の曲解力なのかもしれないけれども。

11　フェルミオンとボソン——物と波その2

(1)　フェルミオンとボソン

世の中のすべては量子的な粒子によってできているのに、なぜその中に「物」と「波」の区別があるのだろうか。同じような素粒子からできているはずなのに、いったいどうして机の上の置時計を構成している「鉄」と、その時計が反射している卓上灯からの「光」とが世の中にあってこうも違うのだろうか。

鍵となるのが「パウリ排他律」とよばれる法則である。これは「同種粒子が多数集まったとき、すべての粒子が異なった量子状態をとらねばならない」という規則のことである。

素粒子にはパウリ排他律の働きに関連して、「フェルミオン」とよばれる属と「ボソン」とよばれる属の二種類に大別される。つまり「フェルミオン」に属する同種粒子が集まるとパウリ排他律が働くのに対し、「ボソン」ではそれが働かないのである。

パウリ排他律の働くフェルミオンに属する同じ粒子が一〇〇個集まると、それがとり得るもっとも低エネルギーの状態は、各粒子がエネルギーの一番低い状態から一〇〇番目に高い状態まで詰まったものとなる。粒子の空間的な占有状況を考えても同様で、一〇〇個の粒子はお互いに排除する様子で配置されているだろう。そのため粒子は集まれば集まるほど、その集合体は嵩が張ることになる。古代の歩兵隊のファランクス、四角にびっしりと組んだ陣営を想定してみるとよい。

それに対してボソン属の同種粒子が一〇〇個集まると、もちろんフェルミオンと同じような配置も可能だが、エネルギーがもっとも低いのは、一〇〇個の粒子がもっともエネルギーの低い量子状態に詰まったものになる。これだと空間的な分布も重なるので、粒子が増えても同じ場所に詰めることができて、粒子の数に応じて嵩が張るということもない。大編隊を組んだ昆虫の集団を思い浮かべるといいだろう。この集団は形も大きさも定まらぬ雲のようなもので、時に空全体を覆うほどに広がりもするが、また時にはぐっと密集して一つの小さな固まりになることもできる。

もうおわかりだろうが、フェルミオン属の粒子が多数集まったのが鉄や水といった「物」であり、ボソン属の粒子が多数集まったのが光に代表される「波」なのである。

フェルミオンが無数に集まり、物が嵩を増して仕舞に我々の目に見えるマクロな大きさに達すると、粒子個々の量子的性質は姿を潜めてしまう。鉄の固まりや石の固まりといった我々の周囲の「物」については、我々になじみ深い古典力学の法則をもってすれば事足りるようになるのである。

ところがボソンが集結するとき、それがアボガドロ数ほどの大きな数になろうとも、その多くが少数の量子状態に積み重なって、全体が量子的性格を強く残したままになることが多い。光の不思議なこの世ならぬ性質は、こうした量子的性格の残存だと考えれば納得のゆくことかもしれない。「物」となったフェルミオン属の素粒子の集まりよりも、「波」となったボソン属の素粒子の集まりのほうが、我々から見て量子的で霊的なのであろう。

そのようなボソンの集合の量子的な性質が極端に現れたのが「超流動」とよばれる現象である。これはボソン属の性質をもつ原子核が多数集まった系を極低温にして、すべての粒子をもっとも低い一つのエネルギー状態に押し込めたときに発現する現象である。この場合、系全体が強度をアボガドロ数個にまで拡大した巨視的な量子状態となるのである。

フェルミオンの集合は本来このように「嵩の張る物」をつくるのであるが、時と場合によってはボソンの集合に似た性質を示すことがある。それは同種のフェルミオン粒子間に引力が働いて、それがパウリ排他律を打ち消すほどに強い場合である。こうなるとこれはもう実質フェルミオンというよりボソンの集団とみなしてもよくなって、このような場合を「フェルミオンのボソン化」という。

ある種の強い社会的プレッシャーのもと、若い男性の女性化が起こっている社会があるという話を耳にすることがあるが、まあそれに類似の現象と思ってもよいかもしれない。

フェルミオンのボソン化の身近で有益な例が「超伝導」とよばれる現象である。ある種の金属を絶対零度に近い極低温にすると、金属の電気伝導を司る電子がボソン化する。電子は本来フェルミオンなのだが、金属格子の振動が低温でリズムをそろえてくると、その影響が電子間に強い引力が働くような状況をもたらすのである。これを解明したジョン・バーディーン、レオン・クーパー、ジョン・ロバート・シュリーファーの三博士にちなんで「BCS効果」といわれるこの現象は、電子のボソン化をもたらし、その顕著な結果が電気抵抗の劇的な減少である。

電気抵抗がほとんどない金属は、理想の送電線や超高強度の電磁石をつくる材料となるので、現代社会に非常に重要であるのはいうまでもない。問題は超伝導を実現するための超低温で、コストを考えると超伝導の起きる臨界温度ができるだけ高い物質を見つけたいことになる。臨界温度がなるべく高い物質の探究は、いまも最前線の研究分野で、ごく最近の細野秀雄博士による「鉄系超伝導物質」の発見について聞き及ばれた読者もあるかもしれない。

(2) 日常世界の二元論

物と波、形のある物とない物、物質界と霊的世界、といった二元論は、我々の身の回りの現実の観察に根ざす直感である。それは時代と場所を超えて文化にも見いだされ、昔から人間に近しいものであった。原子論の祖であるデモクリトスも、物をつくっている原子と並んで、物に動きを与える霊的存在としての「熱」が世に遍在すると考えた。量子論の発見に至って、物理学は世界のこの二元的成り立ちの根源に迫れるようになったのである。

物と波をめぐる物語は、物理学の先端が原子のレベル、原子核のレベル、そして素粒子のレベルと深まるたびに姿を変えて繰り返されてきた。まず出発点として、身の回りの日常の世界を我々はどのように認識しているかを振り返ってみよう。

我々の周りを見渡すと、いろんな「物」が目に入るが、まず大きな区別は生き物と無生物であろう。すこし考えてみると、世にはさらに「物でない存在」も確かにあることに気づく。光、音、電波といった事物である。これらの実体は波である。熱や冷気といったものは確かに存在し、さらには心的な力、愛や霊気やらといったものの存在を強く感ずるときもある。これらのぼんやりと広がっているらしい「物でない存在」を、とりあえずここでは仮に全部「波」とよぶことにしよう。つまり世には「物」と「波」の二つがある、と。

ここでいう物と波を区別する大きな特徴を一つあげれば、「物」のほうは「嵩が張る」、つまり広がりをもってある場所を占めているのに対し、「波」のほうはどこまでも広がれる一方、ある場所に強く重なることもあり、「定まった嵩がない」という点である。

「波」はなにをしているかといえば、なんとなく「物」どうしの間の関係を司っているようでもある。生物同士は音や光の信号で意思を交換し相互に作用する。無生物同士も熱や圧力や電波で相互に影響しあう。

というわけで、我々の周りのあらゆるものの、仮の分類を次のような図にまとめてみた。

人によって「生物と無生物」ではなく、「私の家族とそれ以外すべての存在」とか、なにか別の区分のほうがよい、という意見もあるかもしれない。「物体と精神」とか「知性で認知するものと感性だけで認知できるもの」とか。それに応じて「波」の役割のほうも適宜変更するとよいだろう。近代以前の多くの哲学大系や宗教体系も、乱暴にまとめると、こんな世界観の変種であることが多いのではないだろうか。

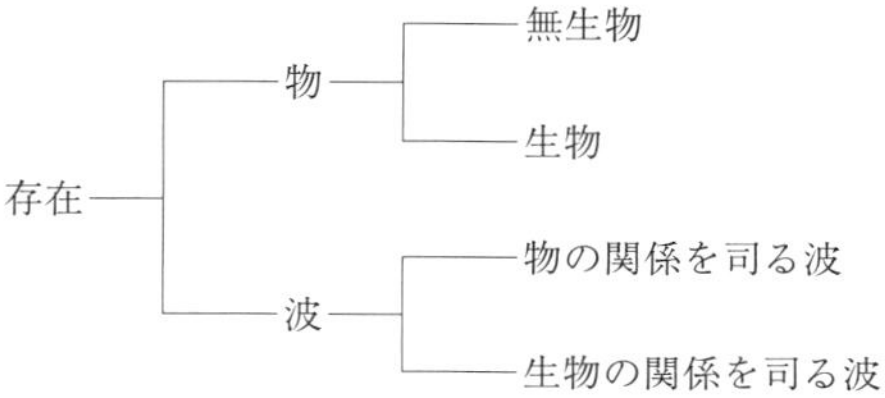

素朴な世界観の二元論的存在区分

(3) 原子世界における二元論

さて物理学が進歩して、我々の身の回りの物の成り立ちがわかってきたのが二〇世紀であった。他でもない、原子の世界を司る量子力学が発見され、さらに原子の世界の構成要素とその果たす役割がおおよそ判明したのである。そのような時代の物理学の世界観は、不思議なことに先の「素朴な日常的二元論」に割と近いものであった。原子の世界の様子は、それからできた我々の周りの世界になんらかの形で反映されるはずなので、これはそんなに不思議でないのかもしれない（あるいは皮肉な見方をする人なら、我々の日常から生まれた世界認識が、必然的に原子を見るときにも投影されているのだと考えるであろう）。

原子の世界に出てくるのは、陽子、中性子、電子、ニュートリノ、光子、中間子といったものだが、これらはすべて微小な「粒子」で、その大きさはすべて我々の何兆分の一以下である。すべて粒子ではあるのだが、ここにも「物」と「波」の区別に近いものがあったのである。

前述の通り、あらゆる量子的存在は「二重性」という性質をもち、そのため「波」は「粒子」でもあり、「粒子」は「波」でもあるのだが、実は集めようとすると相互に排除しあうタイプの粒子と、いくらでも同じ場所に積み重ねられるタイプの粒子があったのである。前者が「フェルミオン」、そして後者が「ボソン」であり、それぞれエンリコ・フェルミ、サティエンドラ・ボースにちなんだ名前である。

両者の違いは「スピン」が基礎単位の「奇数倍」か「偶数倍」かで決まっている。以前の章で詳述した通り、スピンは微小な粒子が自転することととりあえず考えてよいのだが、量子力学ではこの自転の速さ（正確には角運動量）がある最小単位の整数倍であると決まっていたのである。この最小単位は通常「スピン1／2」とよばれる。

その整数が奇数の場合、粒子は「フェルミオン」で、その整数が偶数なら「ボソン」となる。最小単位がスピン1／2なので、フェルミオンは半奇数スピン、ボソンは整数スピンをもつ、ということになる。

フェルミオンを集めると同じ場所に詰められないので、嵩の張る物ができあがる。ボソンを集めるといくらでも詰められる。さらにフェルミオンは基本的にいって数が一定なのに対し、ボソンは数が一定せず、エネルギー次第で増やしたり減らしたりできる。

それでフェルミオンを集めたものが「物」、ボソンを集めたら「波」になるわけである。

陽子、中性子、電子、ニュートリノといった物がフェルミオン、そして光子、中間子がボソンである。前者のうちで陽子と中性子が固まったのが原子核、原子核の周りに電子を回したのが原子になり、これ

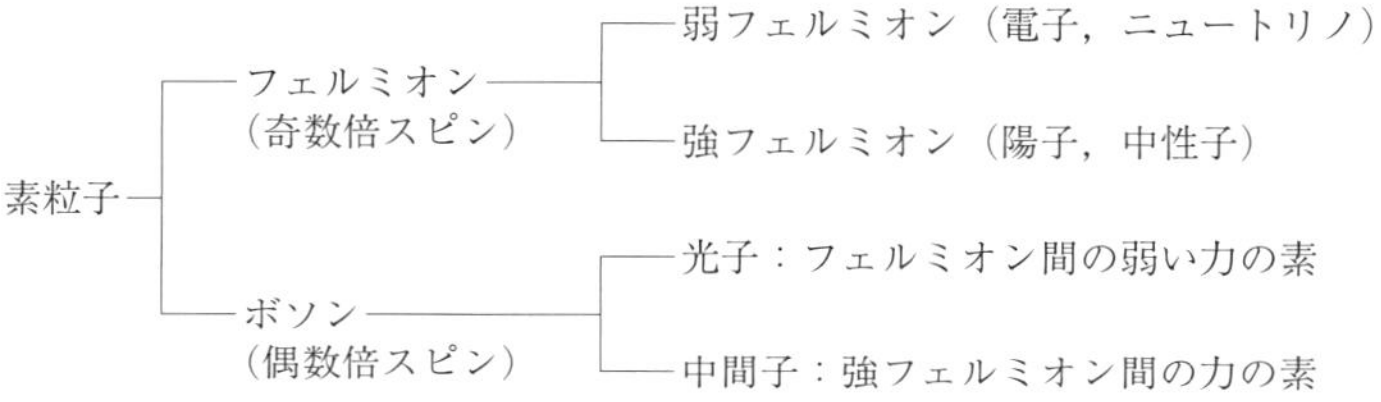

20世紀前半の素粒子分類

が我々の周りの「物」の正体である。後者のうち光子を集めたものが光に他ならない。

それではフェルミオンのうちのニュートリノ、ボソンのうちの中間子はなにをしているのであろうか。

それを理解するために、ボソンとフェルミオンの間の「相互作用」を見る必要がある。ボソンの典型的な一生に、フェルミオンのすぐ隣で生まれて別のフェルミオンまで伝わってそこで消滅する、というのがある。このときのエネルギーのやりとりを勘定すると、この結果二つのフェルミオンが互いに引きつけられたり反発したりする。つまりボソンはフェルミオン間の力を媒介しているのだ。こういうボソンをキャッチボールして発生するタイプの力を、発見者湯川秀樹にちなんでユカワ・フォースとよび習わしている。

二つのフェルミオンが光子を交換するとき、両方のフェルミオンの電荷に応じて引きつけあったり反発したりする、実はこれが電磁力の正体である。そして中間子が二つのフェルミオンの間で交換されると「核力」が生ずる。これが太陽エネルギーや、原爆のエネルギーの源泉である。

フェルミオンの中には、電子のように光子としか反応しない粒子と、陽子や中性子のように光子とも中間子とも反応する粒子の二種類がある。前者には

「核力」が働かない。つまりボソン側の中間子に感応するかどうかで、核力をもつ「強いフェルミオン」と、電磁力だけが働く「弱いフェルミオン」に分かれるのである。

最後にニュートリノであるが、これには「弱い相互作用」という、核力とも電磁力とも別な力が関係する。とりあえずここでは、世の存在の対称性から考えて「強フェルミオンが二種類」だから「弱フェルミオンも二種類」でないと格好が悪いため、数を揃えるために造物主が出してきた、とでも考えておこう。実際あとに出てくるゲージ場理論では、ボソンに力を媒介されるためにはフェルミオンは二種類の組が必要という予想ができる。

結局二〇世紀前半に考えられていた素粒子論全体は、前頁のような図でおよそ理解できるだろう。最初に見せた「日常世界の存在」の図となぜか偶然にもよく対応しており、素粒子も（2＋2）＋（1＋1）＝6種類で、これだけで世の中が説明できた、というならとても満足すべきことであったろう。

12　万物理論を求めて――物と波その3

（1）　素粒子世界の二元論と標準理論

前章の話で素粒子の理論が完成、ということであったなら、それはとてもめでたかったのだが、実験が進むといろいろ不都合な事実が明らかになってきた。

まずもって「対称性から」と称してもち出したニュートリノは、実際には「弱い力」というので電子と反応する。中性子のベータ崩壊の原因といったら、今時怖くてわかりやすいであろうか。そうすると理屈からいって、この「弱い力」を媒介する新しいボソンがあるはずということになる。実際だいぶあとになってそういうものとして「Zボソン」「Wボソン」という二つが実験で観測された。そしてまた弱いフェルミオンに「ミューオン」という新種があることがわかった（本当はこれはだいぶ前に見つかっていたのだが、最初はこれと中間子の区別がついてなくて認識されてなかっただけなのだ）。さらにまた、強いフエルミオンの仲間として「ラムダ粒子」という新種が見つかってしまった。

ちなみに「弱い力」はこれも放射線の放出に関わる一種の核力なので、これと対比して、いままでの核力のことを、その後は「強い力」とよび習わすようになった。

都合の悪いことの中でもいちばん困ったのは、どうも核力で固まって原子核をつくっている「強いフェルミオン」、すなわち陽子や中性子、新しいラムダ粒子といったものは、実は内部構造をもっているらしいことが、実験で次第にわかってきたことである。つまり「強いフェルミオン」はそれ自体素粒子ではなく、もっと小さな「本当の素粒子」からできているようなのだ。

ボソンのほうに関しても、中間子は構造があって、これもより小さな「本当の素粒子」からできているらしい、ということもわかってきた。この「強いフェルミオン」と「中間子」をつくっているのは「クオーク」という真の素粒子だということに、いまでは落ち着いている（これはジョイスの小説を出典としたマレイ・ゲル＝マンの命名である）。

クオークが強い力で三個集まって陽子や中性子になるのだが、そうするとこの力を媒介する「真の素粒子としての強いボソン」がなければいけない。これが「グルーオン」である。つまり次の図の構造の大枠はともかく、核力に関係する「強い」粒子のほうで、フェルミオン、ボソンともキャスティングが間違っていたらしい。その後の研究結果を全部集めて、これまで見つかったすべての「真の素粒子」のリストは、結局次のようなものになった。

強いフェルミオンであるクオークは「u」「d」「c」「s」「t」「b」の六種類、そして弱いフェル

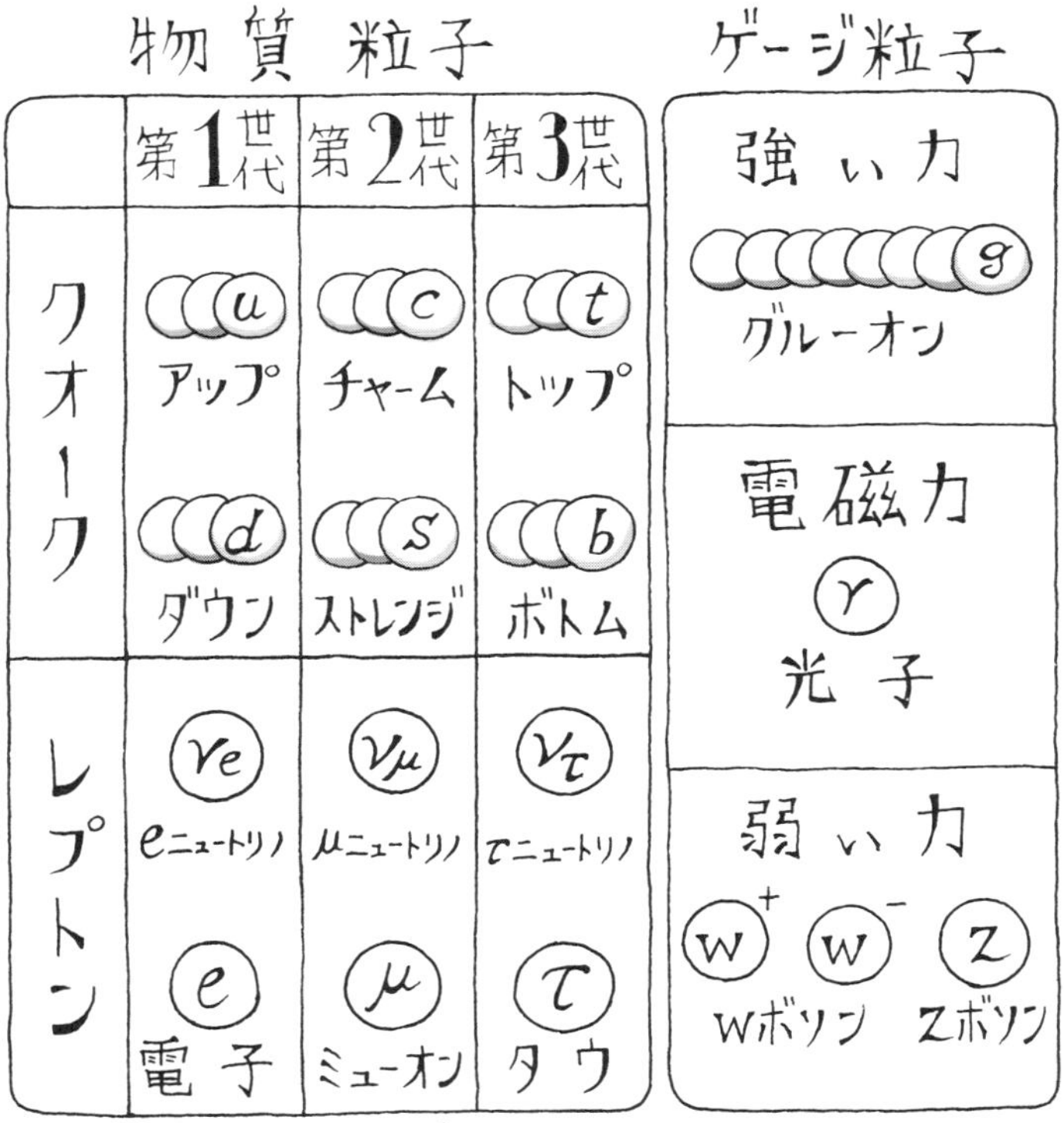
物質粒子
ゲージ粒子
第1世代
第2世代
第3世代
クオーク
u
アップ
c
チャーム
t
トップ
d
ダウン
s
ストレンジ
b
ボトム
レプトン
νe
eニュートリノ
νμ
μニュートリノ
ντ
τニュートリノ
e
電子
μ
ミューオン
τ
タウ
強い力
g
グルーオン
電磁力
γ
光子
弱い力
W+
W−
Z
Wボソン
Zボソン

d
c
s
u
μ
γ
W−
W+
t
b
e
νe
νμ
ντ
τ
g
Z

ミオン（「レプトン」というのが、よりモダンなよび名）もそれに対応して「ν_e」「e」「ν_μ」「μ」「ν_τ」「τ」の六種類（このうちeは電子、νがニュートリノ、μがミューオン）がある。これらはみな基本単位と同じ「スピン1／2」である。

ボソンのほうは電磁力を媒介する「γ」（というのは光子のことである）、弱い力を媒介する「W」「Z」、強い力を媒介する「g」（これはグルーオン）の四つがある。これらはみなスピンが基本単位の二倍の「スピン1」である。

これ全部でフェルミオン一二個、ボソン四個の総計一六個の素粒子があることになる。なぜこの数なのか、フェルミオンの数一二とボソンの数四の間になにか関係があるのか、二〇世紀も半ば過ぎ、こういったことを理解しようと、多くの理論家が知恵を注ぎ想像を巡らせた。そして「ヤン＝ミルズのゲージ場」という大変美しい数学的な原始霧の中から、壮麗な交響楽のように「既知の素粒子すべての振舞いを完全に記述する理論」が立ち顕れたのである。たくさんの人が関わっているのだが、強いて名前を出すなら功労者の筆頭二名はスティーヴン・ワインバーグとアブドゥス・サラムであろうか。

ところが一つだけ疑問が残っていた。ゲージ理論ではいろいろな素粒子の美しい対称性が予想されるのだが、そのままでは対称性が美しすぎて、どれも重さ（正しくは「質量」）がないという予想になるのだった。

実際の素粒子で質量がないのは「γ」すなわち光子だけである。「ν」すなわちニュートリノも長らく質量がないと思われていたが、いまではごく微小ながらゼロでない質量があるとわかっている。光は

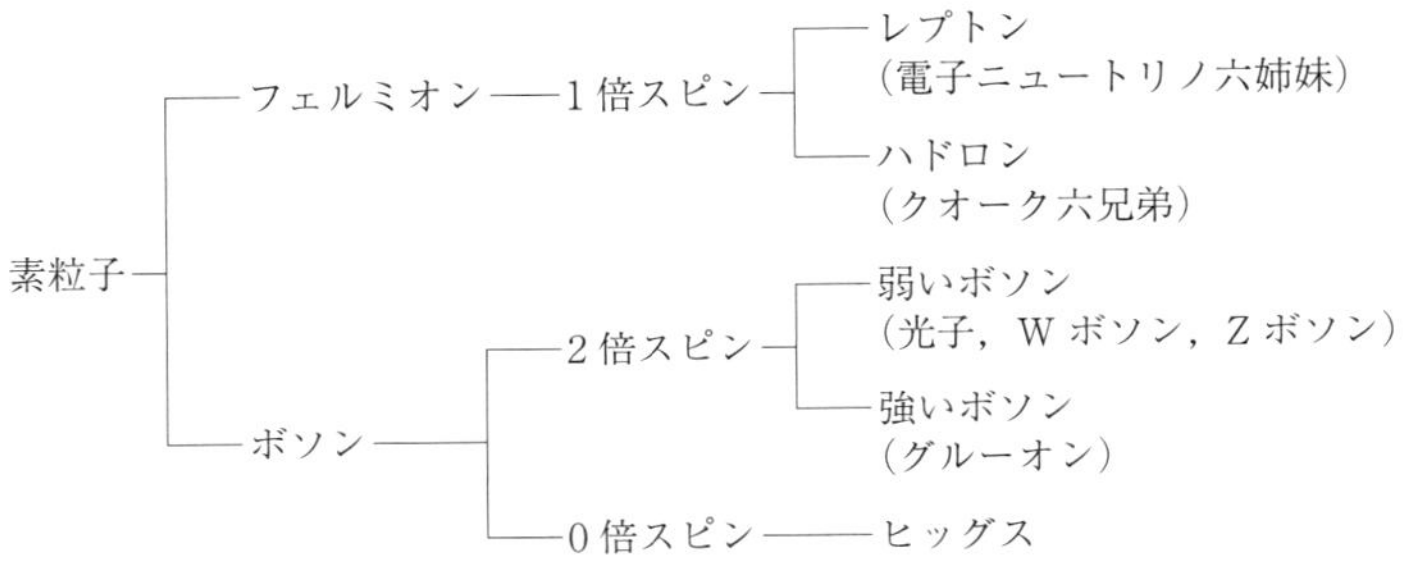

現代の素粒子分類

質量がないせいでところかまわずうろうろし、我々も光をよく目にし、またその媒介する電磁力を日々感じて過ごしている。他方、核力を我々が普段感じないのは、これを媒介するZボソンやWボソンが非常に重くて、核力が非常に短い距離でしか働かないことと関係している。

どうして理論的には質量がないはずの素粒子のほとんどが有限の質量をもつのだろうか。この答えが「ヒッグス粒子」であった。仮に先のリストの一六個の素粒子に加えて「スピン0のボソン」があると考えてみよう。すると「対称性の自発的破れ」の南部陽一郎の理論が適用できる。そしてゲージ理論の美を損なわぬままに素粒子に質量を与える、「ヒッグス機構」という巧妙な仕組みの存在が明らかにされたのである。

問題はこのヒッグス機構を実証するはずの「スピン0のボソン」がこれまで見あたらなかったことである。

二〇一二年秋のある日、ジュネーブにある欧州原子核研究機構CERNの定例セミナーにて、ついにこの粒子の発見が発表された。その様子は全世界にウェブ中継された。会場が総立ちの拍手の中、その瞬間の人類全体の英雄となったピーター・ヒッグスの、ひっそりと涙を拭った姿を目撃した読者も多いかもしれない。

後知恵で先の素粒子のリストを見ると、ボソンのどれもがスピンが1で、もっともシンプルな「スピン0のボソン」がなかったのが妙ではあった。やっとうまく落ち着いたような気もする。素粒子の総数が不思議な素数一七なのも、ある意味でいい感じである。現在のところの究極の物理理論である「標準モデル」は、いまから三五年ほど前に形をとったのであるが、前章にならった図で示すと前頁のようになる。

二〇一二年の発見でこの見方が実験的検証を得たので、素粒子論はひとまず完成した。重力だけを別にして、この一七種の素粒子とその相互作用を記述するゲージ場の量子力学で「宇宙のすべて」が説明できるのである。物理学のもっとも栄光に満ちた一つの章が閉じられたといってよいであろう。

(2) 超対称性と弦理論

物と波の物語は実は前節で終わらずに、まだ続きがある。

ひょっとすると読者の中には、世界のすべてが物と波の二つのものからできている、という二元論的説明に納得できない人がいるかもしれない。なにか世の奥底に一つの根源的実体があって、物であれ波であれ、あらゆる存在はその実体の違った現れにすぎないのではないか、という一元論である。

量子的な粒子にフェルミオンとボソンがあって、それがおおよそ物と波に対応しているとして、実はそれが一つの物の別な姿なのではないかという考えは、物理学者の間でも根強くある。

その種の説のうちで、いまのところもっとも有力とされるのが「超対称性」という考え方である。これはフェルミオンもボソンも実はすべて、本来一つの粒子の二つの装いにすぎない、それゆえにフェルミオンがあればそれはなにかの拍子にボソンになることができ、またその逆もあるべし、という理論である。そうすると世に現れるにあたって、フェルミオンとボソンはつねに対になって出てきて、それらは、複数粒子が同じ量子状態をとれるかとれないかという違い以外は、性質が瓜二つでそっくり、ということになるはずなのである。

こういうと慧眼な読者は不思議に思われるだろう。電子はフェルミオンと聞いたが、それと対になるべきボソンはどこにあるのか。光子はボソンと聞いたが、それと対のフェルミオンを誰かがどこかで見いだしたのか。それに対する超対称性理論派の答えはこうである。もともとは性質のそっくりだった超対称パートナーのうちの一方は、どれも「自発的対称性の破れ」のメカニズムによって、現在の宇宙に見られる常温にあっては、既知の片割れに比して、ずっと重くなっている。そのために既存の粒子加速器を用いても、それらはまだ見つかっていないのだ。

もしこれがそうではなく、現に存在すると知られたフェルミオンたちとボソンたちが、一つずつ組になって超対称パートナーとなっている、ということであったとしたら、これは本当に素晴らしかったであろう。電子と光子が超対称パートナーで、陽子や中性子の超対称パートナーがグルーオン族で、というふうにである。しかし造物主は、そこまで親切に世界を造らなかったようである。ここで思い起こされるのが、電子の負エネルギー準位を見て、ディラックが最初に思いついたことに関する逸話である。

ゼロエネルギーまで電子が詰まった状態を真空と思うべきだと気づいた後、ディラックが考えたのは、真空から電子が飛び出した穴こそが陽子であろうという予想であった。実験家との長い議論の末、それは陽子ではあり得ないと説得されてはじめて、彼は陽電子の存在を予言したのだった。

我々がすでに見知った粒子の中に超対称パートナーが存在しないのなら、それらは今後どこかで見つかるべきだという予想が、必然的に出てこざるを得ないのである。現に存在する一七種の素粒子すべてに対して超対称パートナー粒子が想定されている。未発見ではあっても、これらの素粒子にはすでに名前がある。既知のフェルミオンの超対称パートナーであるボソン粒子は、フェルミオンの名前の前に「ス」音をつけてよばれる「クオーク」に対する「スクオーク」、「電子（electron）」に対する「ス電子（selectron）」等々である。一方既知のボソンの超対称パートナーたるフェルミ粒子は、ボソンの名の語幹の後に「イーノ」を付加してよばれることになっている。「グルーオン」に対する「グルイーノ」、「光子（photon）」に対する「光子イーノ（photino）」といった具合である。超対称性理論を信ずるならば存在するべき、これらパートナー粒子の重さに関しては、いまCERNにある最高の加速器のエネルギー限界値のすこし上なのではないか、という有力な予想がある。

一兆円ほどの建設費をもって世界全体で一台つくることが計画されている「次世代線形加速器」の、最初の大目標の一つがこの「重たい超対称パートナー粒子」の発見である。これを高いと思うか安いと思うかは人それぞれだろうが、究極の存在の「物と波」にまつわる秘密の解明が、人類全体の政治的経済的なリソースをかけた努力目標として浮上してきたこと自体が、筆者には大変感慨深く思われるのだ。

根本的な素粒子がすべて一つの種類に属するとする超対称性理論には、その一元論的単純さ以外にも、いろいろとよい点がある。その現在のところの最先端版である「超対称超弦理論」には、長らく素粒子論を悩まし続けた発散の問題からの自由、すなわち「理論の繰り込み可能性の保証」がある。多くの素粒子論研究家は、このいまだ未完成の「超対称超弦理論」が、物理学の夢である「事物の究極理論」へと発展するものと信じている。

発見される素粒子の数がどんどん増えて、収拾がつかなくなってきた一九七〇年代半ば、素粒子というものは本当は点粒子ではなく、一次元的な大きさをもった弦のようなものなのではないか、と南部陽一郎が考えたのが弦理論の発祥である。弦理論は米谷民明、ジョン・シュワルツ、ジョエル・シャークの三人の発見によって意外な展開を見せた。一次元的な弦の振動固有状態を考えると、その大きさの無視できる極限で、弦が点粒子のボソンのような性質をもつことが示されたのである。とくに興味深いと思われたのは、そのボソンが重力を媒介するべき重力子のように振る舞うことであった。重力を記述する一般相対性理論は長い間、ちょうどアインシュタインその人さながらの超然たる孤立をもって、自然界の他の基本的な力の統合されていくさまを、自らそれには加わることなく眺めているかのようであった。素粒子を弦だと考えることで、重力を含んだ統一的な自然理解が、ついに達成されるかもしれないという希望が芽生えたのである。

しかし弦理論は生まれるとまもなくすぐに死を迎えた。弦理論を現実の素粒子にあわせようとすると、根本的な二点の破綻が出るのであった。そこからボソンの存在のみが予測されて、フェルミオンが出てこないことが一つ、素粒子としての弦を安定に保つのは四次元では不可能で、最低でも二六次元の時空が必要なことがもう一つであった。世の趨勢は、従来通りの点粒子に基づくゲージ場理論による、強弱電磁の三つの相互作用の統合に向かっていた。弦理論は忘れ去られた。

その後の冬の時代に、弦理論の孤塁を守り続けたのがシュワルツとマイケル・グリーンであった。彼らの信念の支えになったのが、一九七五年にシュワルツ自身がアンドレ・ヌヴーとともに発見した超対称性のある弦の理論である。これは通常のボソン的性格をもつ弦理論を、超対称性を要請して拡張したものである。いまや弦はフェルミオンの性質を帯びることもできるようになったのである。一九八五年にグリーンとシュワルツの画期的な論文が『フィジックス・レターズB』誌を飾った。超対称性を帯びてフェルミオンにもボソンにもなれる10^{-34}メートルほどの極微の弦が、一一次元の時空間のなかを踊ることで世界が成り立っている、という描像が確立した。

我々の住んでいる四次元時空にくらべて、七つも余剰次元があるのが奇妙に思えるのだが、これに関しても非常に美しい数学的理論が見つかった。この余剰次元はクルクルと小さく紙が丸まるようにして、微小な大きさに縮まってしまうというのだ。これを「コンパクト化」という。超微視的スケールにコンパクト化した余剰次元は、カラビ＝ヤウ多様体というある特殊な構造をもっていて、その構造からくる鏡映対称性が、現実世界に見つかっている多様な素粒子の存在をもたらしていると考えるのである。この可能性を指摘して余剰次元をコンパクト化したのちに、ちょうど標準モデルにほぼ同等なゲージ場の理論をもたらす、そんな超対称な弦理論を実際に構成してみせた超絶技巧の持ち主がいた。フィールズ賞受賞者のエドワード・ウィッテンである。彼はその後長らく、素粒子論の帝王として君臨することになった。

現在でも弦理論は素粒子論研究の中心の位置を占め続けている。実験的にも理論的にも、物と波を巡る物理学積年の探究ドラマは、いまこの瞬間も続いている。

13　量子的同一性について

ここでは「同一性」、またはその裏返しである「区別可能性」というものが、量子の世界でどのように現れるのかについて考えてみる。

我々は性質のそっくりな二つの物をどう区別するだろうか。

たとえば姿かたちから身のこなしや声音まで瓜二つの双子の女性歌手、金さんと銀さんが舞台上にいたとしてみよう。事前の説明で金さんは赤いドレス、銀さんは黒いツーピースで舞台に上ると予告されていれば、たとえば客席から右手にいるのが赤いドレスの金さん、左手にいるのが黒いツーピースの銀さんだとわかる。これが普通の「古典的」かつ「確定的」な区別である。

歌唱の途中で歌手の前に何度か幕が下りて、そのたびに、歌手の位置は不変なままに、服が変わるとしたらどうだろうか。それでも仮に事前のアナウンスで、金さんと銀さんは服装の好みが違うので、金さんは赤いドレス八割、黒いツーピース二割で現れ、銀さんのほうは赤四割、黒六割で現れると予告されていれば、衣装替えが五、六回あった時点で、どちらが誰かの見当はおおよそついてくるだろう。そして二〇回も見れば、衣装の出現パターンから、もうほぼ確実に、金さんが左で銀さんが右といったように言い当てることができるだろう。これが「確率的」な二人の区別で、量子の世界では一般に、このような区別で事足れりとして、ある程度の不確定性を受け入れることが必要になる。

さてそれでは、金さんは赤いドレス五割、黒いツーピース五割、銀さんもまた赤五割、黒五割で現れる、という事前のアナウンスがあったらどうだろうか。

これだとどう考えても観客には金さんと銀さんの区別はつかないだろう。

実際は金さんと銀さんは服装の好みが違うので、各人の自然に任せれば両方が五割五割という紛らわしい状況は起こりにくいはずである。でももし金さんと銀さんが幕の中で服を選んだ後、ときどき黒子が裏手を回って服を交換する手配をしたらどうだろう。単に二人が舞台の上でときどき合図を交換して、この次からは相手の好みに自分がなりきる、この時点からはまた自分本来の好みに戻って衣装を選ぶ、といった好みのランダムな交換の手配をしておくだけでもよい。この手配が本当にランダムに起きるならば、両者の好みがならされて、結局確率的には、金さんも銀さんも赤五割黒五割の衣装で現れることになり、この不思議な好みの交換の手配によって金さんと銀さんは区別不可能ということになる。

二つの電子、二つの光子といった二つの同種粒子が行っているのは実はこれに類することなのである。

我々から見て、二つの電子は質量、電荷、スピン、磁気能率といった観測できる性質はまったく同一であって、それだけでは区別がつかない。我々が電子Aを実験装置の一方に漂わせて電子Bを他方の側に漂わせたとすると、電子AとBは勝手に互いのポジションをランダムに交換し合う。その結果どちらがAでどちらがBかは不明になる。そのような区別をつけることにそもそも意味がなくなる、といってもよい。

いったいどのようにしてそのようなテレパシーのようなことが可能なのかはいまだに不明なのであるが、いろいろな実験で間違いなくわかっていることは、二つの電子AとBが違った二つの状態にあるならば、それはAが一方の状態でBが他方の状態、というのとBが一方の状態でAが他方の状態、というものの確率的な合成になっていることなのである。その結果二つの電子はまったく同一で、量子的にいって原理的に区別不可能ということになる。

これは二つの電子に限らず三つでも四つでも話は同様で、たくさん電子があると、そのすべてのペアの間で、相互の状態を交換した状態が均等な確率で存在する。そしてたくさんある電子はどれも区別不可能で同一ということになる。

このような性質を量子論では「交換対称性」とよぶ。場合によっては「交換反対称性」という言葉を聞く場合もあるが、これは(式なしでの説明は至難なのだが)「二粒子を交換すると波動関数の位相がマイナスに反転する」もので、とりあえずは交換対称性とほぼ同様と考えてしまってよい。

11章のたとえの古代の歩兵隊のファランクスを考えてみれば、陣営の中のポジションを兵士たちがときどき交換し合い、誰がどこにいるのかわからなくなっている状況を想定してみるとよい。この交換対称性をもつ軍団の中では、兵士の個々人の名前や気質などは問題にならず、戦闘相手にとっては、すべての兵士は同一で区別不可能と考えてよいだろう。

あるいはぎゅっと詰まって一つの生き物のようになった昆虫の大集団を考えてみよう。この場合は最初からすべての虫が基本ほぼ同じ状態にいるので、わざわざ役割をかえることとすらない。外からこれを驚嘆をもって眺める人にとって、個々の昆虫の個体識別について考えても実質上なんの意味もない。

このように世の中にまったく性質の同じ粒子が複数存在するときは、いつもそれらが個性をなくし、すべて同一であるよう、量子的な仕組が施されているわけであるが、これはいったいどういうことなのであろうか。多数の同種粒子と見えるものは、実はなにか一つの実体の多様な現れにすぎないのではないか。このような疑いはきわめて自然なものであろう。そしてこれが「場の量子論」という量子論の現存する究極の形態へとつながるのである。

あるいはこう考えることもできるかもしれない。

いま個々には性質の異なった粒子の一群があったとして、これらが突然なんらかの理由で交換対称性（または反対称性）を獲得したとする。誰かがきてこの中の一つの粒子を取り出してその性質を測定したとしてみよう。観測者の手に渡るのは実は「どれかの粒子」ではなく、すべての粒子が等確率に混合された何物かになってしまう。観測される粒子は、全粒子の平均に相当する一つの同一な性質をつねに示すだろう。つまりこの一群の粒子は、観測者にとってどれも同一に見えることになる。ポジションの頻繁に入れ替わるスパルタ軍の緊密なファランクスは、戦闘相手からすればすべて同一の屈強な兵士からなる一個の固まりのように見えるだろう。

交換対称性、または反対称性が粒子の同一性を生み出している、という考え方である。交換対称性と反対称性は、我々の世界の成り立ちに関する非常に大きな帰結をもつ。実は前章のパウリ排他律は、粒子の同一性を保証するメカニズムの一つの帰結にすぎないのだ。これを式なしで説明するのは至難の業なので、ここでは事実を述べるにとどめておこう。同種の物複数個が集まったとき、交換対称性をもつ素粒子はボソンであり、交換反対称性をもつ粒子はフェルミオンである。

ショーペンハウエルは古代インド哲学を典拠に、目の前にある個体と残余の世界全体の同一性について語っている。まるで量子力学的な同一性を予感したかのごとくである。類似の事象は人間世界にあっても見ることができる。一見同一に見える無数の他者たちの中から、偶然出会った一人の人間が、あなたにとって世界で唯一の代え難い存在になったとすれば、残余のすべての他者もやはり唯一の代え難い存在なのである。その間の事情を語る忘れがたい詩句を、岸政彦の随筆「断片的なものの社会学」の中に見つけた。

私の手のひらに乗っていたあの小石は、
それぞれかけがえのない、
世界にひとつしかないものだった。
そしてその世界にひとつしかないものが、
世界中の路上に無数に転がっているのだ。

14　量子の統計的なテレパシー

（1）二つの二状態をもつ粒子の量子もつれ

量子力学的な状態に関してもっとも奇妙な現象は、粒子が二つ以上あるときに顕現する「量子的もつれ」とよばれるものである。

これは、二つの粒子をある特別な状態に置くと、その二つを遠く引き離したあとも、あたかもお互いに秘密の通信でもし合っているような、不思議な関連性をもち続ける現象のことである。ここでもそれぞれの粒子の状態を測定する観測者を考えに入れることが必須で、一方の粒子の観測結果が、遠く離れた他方の観測者がなにをしたかに依存する、というテレパシーのようなことが起きるのだ。

話はかなり複雑である。もっとも簡単な二状態の量子が二つある場合を考える。スピン1／2の粒子が二つあるとしよう。この二つを一ヵ所に集めてある特殊な操作をすると、二つを「量子的もつれ状態」に置くことができる。「量子的エンタングルメント」といういい方もある。英語の entanglement をそのまま転記したものである。

この特殊な状態にある二つのスピンを空間的に離して、遠く離れた位置にいる二人の観測者、あなたと友人の手に、各人一つずつ委ねる。観測者であるあなたと友人は二人とも、スピンの方向を「上下方向の測定軸」か「左右方向の測定軸」のいずれかの測定軸に沿って観測することができるとする。あなたと友人は、携帯で連絡を取り合って情報を交換することができる。量子的な物事は確率的に起こることを我々はもう知っているので、まったく同じ「もつれ状態」にある二つのスピンをたくさん用意する。これらを順々に二人の観測者に送って、何度も測定を繰り返し、起こったことを記録して、その頻度をはかるのである。

あなたはまず、上下方向にスピンの観測軸を定めた。まずは携帯を切っておく。あなたの手元にきた粒子のスピンの方向を測定すると、「上向き」と「下向き」が等確率で観測された。これまでの量子状態との接触の経験から、あなたは結論するのだ。スピンはきっと上下軸の測定では方向が確定しない等確率の重ね合わせ状態、すなわち「右向き」状態か、または「左向き」状態にちがいない。そこで次に、あなたはスピンの測定軸を左右方向に定めた。これで方向がつねに確定するにちがいない。すると不思議なことに、今度もスピンは「右向き」だったり「左向き」だったり毎回ランダムで、その頻度は等しいのである。これはなんであろうか。スピンが二つになったということだけで、その一方のスピンの量子的な存在様式に、なにか変更が生じたのであろうか。いったいそんなことがあり得るのだろうか。

怪しく思って、測定器を上下軸の設定に戻してから、あなたは携帯を取り上げる。そしてもう一方の粒子を観測する友人に、そちらでもスピンの向きの観測を、測定軸を上下軸にとって行うように頼むことにする。その結果はさらに奇妙であった。友人が「上向き」と報告してきたときは、あなたのスピンも必ず「上向き」であり、先方のが「下向き」だと、あなたのもつねに「下向き」になっているではないか。友人の報告における頻度は、上下に観測される確率が半々になっている。

本当の驚愕はその次にやってきた。友人に携帯で連絡して測定器を左右軸に設定してもらって、観測の結果を報告してもらいながら、あなたは上下軸での観測を続けたのである。結果はこうである。あなたのスピンは「上向き」に観測されたり「下向き」に観測されたり、毎回ランダムになってその確率は等しく1／2であった。これは友人が、彼のスピンを「右向き」と報告した場合も「左向き」と報告した場合も、両方ともにまったく一緒であった。あなたの手元のスピンの向きの観測結果が、遠くにいる友人がどのような設定で観測したか次第で変わってきたのだ！　これはいったいどのような仕掛けの遠隔操作なのだろうか。

このような測定を、すべての可能な設定の組み合わせで行う。するといまの不思議な状態に用意された二つのスピンの観測結果は、こんなふうになっていることが確認できる。

あなたが上下軸に沿って観測する場合

友人が上下軸に沿って観測すると

確率１／２で（友人のスピン上向き）、そうすると必ず（あなたのスピン上向き）
確率１／２で（友人のスピン下向き）、そうすると必ず（あなたのスピン下向き）

友人が左右軸に沿って観測すると
確率１／２で（友人のスピン右向き）、すると確率１／２で（あなたのスピン上向き）
　　　　　　　　　　　　　　　　　　　確率１／２で（あなたのスピン下向き）
確率１／２で（友人のスピン左向き）、すると確率１／２で（あなたのスピン上向き）
　　　　　　　　　　　　　　　　　　　確率１／２で（あなたのスピン下向き）

あなたが左右軸に沿って観測する場合

友人が上下軸に沿って観測すると
確率１／２で（友人のスピン上向き）、すると確率１／２で（あなたのスピン右向き）
　　　　　　　　　　　　　　　　　　　確率１／２で（あなたのスピン左向き）
確率１／２で（友人のスピン下向き）、すると確率１／２で（あなたのスピン右向き）
　　　　　　　　　　　　　　　　　　　確率１／２で（あなたのスピン左向き）

友人が左右軸に沿って観測すると
確率１／２で（友人のスピン右向き）、そうすると必ず（あなたのスピン右向き）
確率１／２で（友人のスピン左向き）、そうすると必ず（あなたのスピン左向き）

これをもうすこし整理して理解できるか見てみよう。あなたと友人とでスピン測定軸が同じであったときには、二つのスピンの向きはつねに同じに観測されるが、その方向自身は可能な二つの向きが半々に出るということになる。これはもつれた二つのスピンが、次のような二通りの重ね合わせ状態のどちらとしても考えられることを示唆している。ここで（×向き、○向き）というのは、友人のスピンが×向きで、あなたのスピンが○向きである状態を示す。

（もつれた二スピン）⇒ 1／2（右向き、右向き）＋1／2（左向き、左向き）
⇒ 1／2（上向き、上向き）＋1／2（下向き、下向き）

あなたと友人で測定軸が異なった場合は、友人のスピンが可能な観測状態どちらかに確定する確率自体はつねに1／2で、そのときのあなたのスピンは、友人とは別の軸に関して等確率の重ね合わせ状態にあるわけである。これは言い換えると、友人が可能な観測状態どちらかに確定する確率自体はつねに1／2で、そのときのあなたのスピンは友人と同じ軸で仮に測定すれば、どちらかの状態に確定、とも考えることができ、それは先で考えた重ね合わせ状態としての理解と矛盾しない。

そして正確な計算から、先の二つの重ね合わせの理解はまったく同等なものと証明できるのである。

（2）量子もつれを考える

量子的な二つの粒子は、どのようなものでもつねに、この種の大変奇妙に相関した、特別の状態に置いておくことができる。これが「量子的にもつれた二粒子状態」なのである。スピン1／2粒子二つの量子的なもつれ状態には、実は四通りの種類がある。それらを「もつれた二スピンA」「B」「C」「D」と書くとすれば、それらは「重ね合わせ」表式でこんなふうに表現できる。

（もつれた二スピンA）⇓⇓1／2（右向き、右向き）＋1／2（左向き、左向き）：位相＋
⇓1／2（上向き、上向き）＋1／2（下向き、下向き）：位相＋

（もつれた二スピンB）⇓⇓1／2（右向き、右向き）＋1／2（左向き、左向き）：位相－
⇓1／2（上向き、上向き）＋1／2（下向き、下向き）：位相－

（もつれた二スピンC）⇓⇓1／2（右向き、左向き）＋1／2（左向き、右向き）：位相＋
⇓1／2（上向き、下向き）＋1／2（下向き、上向き）：位相＋

（もつれた二スピンD）⇓⇓1／2（右向き、左向き）＋1／2（左向き、右向き）：位相－
⇓1／2（上向き、下向き）＋1／2（下向き、上向き）：位相－

ここでも単一スピンの重ね合わせの場合と同じく、同じ二つの状態の比率の重ね合わせに関して、波動関数の相対的な位相だけが違う二通りがあるのである。「A」と「B」、そして「C」と「D」は相対位相だけが異なるものである。

一つの粒子を観測軸を変えて見たら状態が変化するという、量子状態の不思議にはもう慣れたとしよう。しかし今回はなにかもっと深刻に変である。因果律さえ破れているようではないか。二つの粒子にどのような魔法がかかっているにせよ、それが二ヵ所に分けられて二名の観測者の手元に置かれた後に、一方の粒子の観測を行うと、他方の粒子の観測結果が影響する。それも一方の観測者が観測軸を選んだ時点で、すでに他方の粒子になにか変化が起きているのである。まるでテレパシーとしかいいようのない奇妙な遠隔相互作用ではないか。

もつれ状態にある二粒子系の一方の粒子を観測にかけると、その結果が決まった時点で、観測にかかった粒子も他方の粒子も状態が確定する。これを「もつれが解ける」という。

もちろん、二粒子を最初から「もつれていない」状態に置くこともできる。これが「普通の二粒子状態」であって、その場合は単に、個々の粒子が個々の観測者の観測行為だけに依存して結果が生起し、他の粒子や観測者の行為は無関係になる。

一般的にいって、複数の粒子が集まると、それらは量子的なもつれを帯びることが可能なので、個々ばらばらに考察することはできない。それどころか、ある粒子の観測結果は、その粒子の観測者だけでなく、他の観測者による他の粒子の観測を抜きにしては決めることができないのだ。

量子的な粒子には量子もつれという理解しにくい現象が起き得るとして、いったいそれを我々の常識でどう理解すればいいのだろうか。それは「どのようにして」起こっているのだろうか。そのような問いに対して、パウリが手厳しいことをいっている。「量子的な粒子と観測の非常識さの説明を求めて頭をひねるのは、まったく馬鹿げた無駄であって、それはちょうど、針の先に何人の天使を載せられるかを巡って議論した昔の神学論争のようなものである」。

実際これを我々の常識に当てはめて考えようとすると、どうしても粒子が観測者の行動を把握していて、それに応じて自分の状態を変えているだけでなく、二つの粒子が観測者に秘密に通信で意思を疎通し合っている、とでも考える他はない。量子的な粒子は、我々観測者を欺こうという悪魔的な意図をもっているのみならず、それを補強するための相互通信手段までもっているのだろうか。

なにがどう起こるのか記述することはできても、いったいどのようにそれが行われているのか、どう頭をひねっても常識では理解できない場面に直面したとき、人はどうすればいいのだろうか。我々にさしあたってできるのは、「これはこれまでの物理学の常識とは合わないが、世界がこうなっている以上、常識のほうが間違っていた」ということですます、という以外にないのかもしれない。パウリの言葉はこのような諦めの少々自棄的な表現なのであろう。

もつれた二粒子の二人の観測者による観測で「因果律が破れているようだ」といったが、正確にいえば、破れているのは「局所的因果律」である。つまりあなたの手元にある粒子の将来は、その粒子の現在の状態と観測者であるあなたの行動とを決めても、それだけでは確率的にさえ決まらない。しかし二つの粒子と二人の観測者という系全体としては「なにをすれば確率的になにが起こる」という具合に、原因と結果の因果がついていることには注意しておこう。「非局所的な因果律」は成立しているのである。なぜなら、あなたの粒子の観測後の状態は、あなたの観測と、遠くにいる友人の粒子の観測の結果に依存して、ある確率的な法則に支配されて決まるのだから。

また注意すべきは、「局所的因果律の破れ」といっても「奇妙な遠隔相互作用」といっても、これはすべて統計的現象であるという点である。同一のもつれ状態から出発して、繰り返し観測を行った結果を集めて確率分布を計算して初めて、それが遠隔相互作用のようだと解釈できるのであって、個々の結果からなにかはっきりした結果を語ることはできない。またときどき行われるようにこの遠隔相互作用の「瞬時性」について語ることも、本当はできないはずである。この奇妙な遠隔作用の伝達速度については、現存の理論のどこからも読みとれないのである。

15　量子もつれの応用技術

（1）E91量子暗号プロトコル

スピンが量子的なもつれ状態にある二粒子に、前章で述べたようなテレパシーめいた不思議な相関があり得るとしたら、それを用いてなにか風変わりな魔法のようなことができるのではないか。もつれた量子的二粒子を用いて、直感や常識に反した情報伝達や量子操作を行う例として、量子暗号のE91プロトコルや、量子テレポーテーションがある。

最初にまず、量子暗号のE91プロトコルを解説しよう。暗号通信の前提は第9章に出てきたBB84プロトコルと同様である。あなたとあなたの友人とが一ビットの乱数（ランダムな0か1）を公開の場での量子状態の交換を通じ共有し、なおかつ第三者の盗聴に対する安全性を保証しようとするのである。話は気の抜けるほど単純である。

もつれ状態にある二つの電子の組をたくさん用意しておく。話をはっきりさせるために、前章の「もつれた二スピンA」を考えることにしよう。この話では位相のことは忘れてよい。

（もつれた二スピンA）⇒ 1／2（右向き、右向き）＋1／2（左向き、左向き）
⇒ 1／2（上向き、上向き）＋1／2（下向き、下向き）

順次各組の電子二つを、空間的に別な方向に送り出して、相互に離れた二名の観測者あなたと友人でわけて所持する。このとき二電子のうちのいずれかが、途中で盗聴を試みる第三者に観測される可能性も念頭に入れておく。

観測者であるあなたと友人は両者とも、スピンを上下軸で観測するか、左右軸で観測するか、観測軸を各自がランダムに決められるとする。上下方向の観測軸を選んだ場合は「上」＝「0」で「下」＝「1」と了解し、左右方向の観測軸を選んだ場合は「右」＝「0」で「左」＝「1」と了解する、と約束をしておく。このようにして観測されたスピンの向きを、ビット情報に翻訳するのである。

いま一組のもつれた電子の片割れそれぞれを、あなたと友人の両方が、たまたま同じ方向の観測軸で測定したとする。「上下」でも「左右」でもよい。電子は一度も盗聴者に観測されていないとする。その場合は電子の組のもつれた性質から、あなたと友人の解釈する「0」または「1」はつねに完全に一致するであろう。仮に途中で盗聴者の手にかかって電子が観測されていたら、その場合はある確率で、あなたと友人の読みとった「0」「1」が食い違うであろう。

あなたと友人は各々勝手にランダムに観測軸を「上下」か「左右」に選んで次々にくるもつれた電子の片割れの向きを測定して、そこから読みとった「0」ないし「1」を記録していく。そして十分なビットが集まった後、各回の観測軸の方向を照合して、揃っているものだけを残し、齟齬をきたしているものは捨てる。残ったデータは、もし電子を観測した第三者がいなければ二人の読み取ったデータは「0、0」あるいは「1、1」と揃い、ビットが完全に共有されているはずである。他方もし盗聴者が電子を観測した場合はあなたと友人のビットに齟齬があるだろう。そこでときどき盗聴の有無をチェックしながらデータの共有を進めればよいことになる。

この単純きわまりない暗号プロトコルを一九九一年に考案したのは、ポーランドのアルトゥール・エカートである。それでこの暗号プロトコルをE91とよび習わしている。実用上の問題点はもつれた二粒子の大量安定供給だけである。

E91プロトコルは、「もつれた二スピンA」以外のもつれ状態にも簡単に適用することができる。スピンの向きをビット情報に翻訳する際の約束を、適宜変更すればよいのである。しかしそれより興味深いのは、スピンの観測結果と観測者の観測軸の選択の役割を、入れ替えて行うこともできるという事実である。いまたとえば

（もつれた二スピンC） ⇒ 1／2（右向き、左向き）＋1／2（左向き、右向き）

⇒ 1／2（上向き、下向き）＋1／2（下向き、上向き）

をたくさん用意するとしよう。ここでも位相は重要でないので書かないでおいた。スピンの測定結果について、前回と同じく

スピンが「上向き」→「0」　スピンが「下向き」→「1」
スピンが「右向き」→「0」　スピンが「左向き」→「1」

という、ビット情報への変換を考える。「もつれC」状態の特徴は、二人の観測軸が同じであったとき、あなたと友人のスピンの向きがいつも逆になって出てくることである。つまりスピンの向きから得たビットが、あなたと友人でつねに違っているのである。これを逆にいうと、あなたと友人が同時に「0、0」ないし「1、1」と同じビットを得たとすれば、これはあなたと友人が異なる観測軸を選択した場合に限るということになる。

そこで観測軸の選択についても、これをビット情報とみなすことにする。このときの観測軸からビット情報への翻訳にひねりを加えておく。

あなたが「上下軸」で観測→（0）　友人が「左右軸」で観測→（0）
あなたが「左右軸」で観測→（1）　友人が「上下軸」で観測→（1）

こうして得られる「観測軸ビット」は（0）、（1）と書いて、「測定結果ビット」を表す「0」、「1」と容易に区別できるようにする。

あなたと友人は別々にランダムに観測軸を選択してスピンの方向を決めるのであるが、今回は観測軸の選択はさしあたり黙っておいて、測定結果ビット情報「0」または「1」だけを携帯電話で伝え合うことにする。もしこのビットが揃っていて同時に「0」あるいは「1」であったとすれば、これは観測軸の選択があなたと友人で逆だったことを意味していて、つまり観測軸ビットはあなたと友人で同時に（0、0）あるいは（1、1）と、揃っていることになる。測定結果ビットがあなたと友人で異なる場合、または測定結果ビットにかかわらず盗聴者が先にいずれかのスピンに触れた場合はこの限りでなく、あなたと友人の観測軸ビットは揃ったり違ったりする。

結局、測定結果ビット「0」、「1」を携帯で伝え合って、それがあなたと友人で同じであるときのみ、観測軸ビット（0）、（1）を残し、これを共有されたビットとみなすことで、盗聴に対して安全な乱数の共有ができることになる。

観測者の観測軸の選び方とスピンの方向の測定結果が、ある意味で対称な構造をもっていて、このように情報として交換可能だという事実は、量子力学における「選択の自由」に関して興味深い示唆を与えている。つまりもし観測者に「観測軸を選択する自由」があると仮定すれば、それと同様に、観測される粒子にもスピンの方向の「測定結果を選択する自由」があると考えることも可能なのである。

（2） 量子テレポーテーション

量子テレポーテーションについてまずいっておかねばならないのは、「瞬時の遠隔移動」を含意するこの名づけ方自体に、ポスト冷戦時代の科学の置かれた状況の空気が感じられるという点である。五〇年前ならば、これはおそらく単に「量子状態移転」ないしは「もつれを介した量子状態移転」といった散文的記述的な名前を得ていたと思われる。なぜならこの現象の本質は「瞬時」にも「遠隔」にもなく、むしろそれは、ある粒子の量子状態を他の粒子にコピーすることができるかという基本問題への、一つの解だからである。

量子状態のコピーを作成して同じ状態を二つにはできないことは、比較的簡単に証明できる。通常「ノークローニング定理」の名で知られているこの事実は、コピー元の量子状態を観測にかけたとたん、状態に変化が生じ得ることと密接に関係している。しかしある粒子の状態のコピーを、別な粒子上に再現すること自体は排除されてはいない。もとの粒子の状態が破壊されていれば、「ノークローニング定理」に抵触しないからである。いわゆる量子テレポーテーションで行われるのは、まさにこの、状態の他粒子への移転である。もつれ粒子の観測の巧妙な仕掛けによって、これが可能になるのである。

量子テレポーテーションには観測者一名と粒子三つが必要である。ここで説明するもっとも基本的な設定では、粒子は三つとも、二状態をとれるスピン1／2粒子であるとする。

三つのスピン1／2粒子を0、1、2と名づけよう。粒子0が未知の状態にあるとして、この状態を別な粒子上にそっくり再現したいとする。あきらかに直接粒子0を観測することは許されない。観測軸の選び方次第で状態を壊してしまうからである。その代わりに量子的にもつれた粒子1、2のペアを用意する。観測者は粒子0ともつれたペアの片割れである粒子1を手元に集める。そして観測者は、この粒子0と1が、どんなもつれ状態にあるのかを観測で決める。スピン1／2の二粒子のもつれ状態には四つがあって、任意の二粒子状態がその四つの重ね合わせで表される性質を利用するのである。その結果、粒子0と1のペアが、最初粒子1、2があったもつれ状態と同じ状態に観測されたとする。するとそのときに観測されずに残った粒子2は、粒子0が観測前にあった未知の状態と、まったく同じ状態に置かれる。

つまりこの場合は、これで粒子0の状態が、そのまま粒子2に移転されたことになる。

もし粒子0と1のペアを観測した結果、他の3つのもつれ状態のいずれかにあることが見つかった場合も、観測されずに取り残された粒子2の状態は、粒子0が観測前にあった状態とはっきりした関係にある。たとえば粒子0、1が二番目のもつれ状態に見つかれば、粒子2の状態は粒子0が元いた状態を上方向に九〇度回転させた状態で、粒子0、1が三番目のもつれ状態に見つかれば、粒子2の状態は粒子0の元の状態を上方向に一八〇度回転させた状態、といった具合である。それゆえ粒子0、1のペアが、どのもつれ状態に見つかったかに応じて、粒子2の状態に磁場をかけるなりして適宜変化を加えれば、粒子2の状態を、観測前の粒子0の状態とまったく同じにできたことになる。

このようにして粒子0状態のコピーを粒子2上に作成することができるが、このとき粒子0のもとの状態が破壊されていることに注意を払っておこう。

未知の量子状態を、それには直接的に手を触れぬままに別な粒子に移転するこの手法は、量子状態を個々に操作して物質や情報を操るための、重要な手段の一つであろう。仮にこの操作を、粒子0と粒子

2を地理的に離した状態で行うことができれば、それは粒子0の量子状態が遠方の粒子2の量子状態へと移転したことになる。そのときの速さは、もつれ粒子の一方の観測が他方の状態に及ぶ速さと同じになり、粒子を実際に伝える速さに比べてはるかに高速になるだろう。

量子テレポーテーションという名称の由縁である。

いうまでもなく、特殊相対性理論が正しい限り、この速度は光速を超えることはない。そのような印象を与える言説がときどき聞かれるのは、現存の量子もつれの理論や観測理論の非相対論的性質を無視した誤解だと思われる。非相対論的な量子力学から出発したすべての議論は、事象が光速に近づいた地点で有効性を失うと考えるべきだからである。光速を超えずとも、量子テレポーテーションの価値がいささかでも損なわれるわけではない。それが思いもかけぬ超高速で起こることは間違いがないからである。

量子テレポーテーションの実験的検証は、カリフォルニア工科大学のジェフ・キンブルの実験グループによって一九八八年に行われた。現在の量子テレポーテーションの最長距離記録は一四三キロメートルである。

16　三目並べを量子的にする

「量子三目並べ」というゲームを見つけた。

「三目並べ」とは「○×ゲーム」ともよばれる、誰もが子供時代に遊んだはずのあのゲームである。3×3の九マスに、二名のプレイヤーが交互に○と×を埋めていき、縦横斜めどの方向でも、一列に三マス揃えたほうが勝ちである。みなの知る通り、両プレイヤーが最善手を尽くすと、○×どちらも一列には揃わず、ゲームは引き分けとなる。

この古式ゆかしい子供の遊びの「量子版」を、米国のノヴァシア研究所のアラン・ゴフが考案した。物理教育を主眼とする『アメリカン・ジャーナル・オヴ・フィジックス』という雑誌に載っている原論文を見ると、「初学者が量子力学の諸概念に対する直感を養う助けにしようと考えた」とある。

これが普通の意味でいう「量子力学」に本当になっているのかどうか、にわかには不明である。それでも○や×が「不確定な確率的状態」に置かれて、さらにもつれ状態にある多数の○や×の状態が、

「観測」によって同時に確定して進行するゲームを見ると、量子力学の世界の雰囲気が巧みに捉えられているのがわかる。

ゲームのルールはこうである。

プレイヤーは先手なら×、後手なら○でマスのどれかを埋めるのだが、通常と違って一度に二マスを選ぶ。実際にどちらに確定するかはゲームの進行に応じてのちに決まる。選んだ二つのマスに小さな×（あるいは○）をおいて、それらを線で結んで指し手を表す。

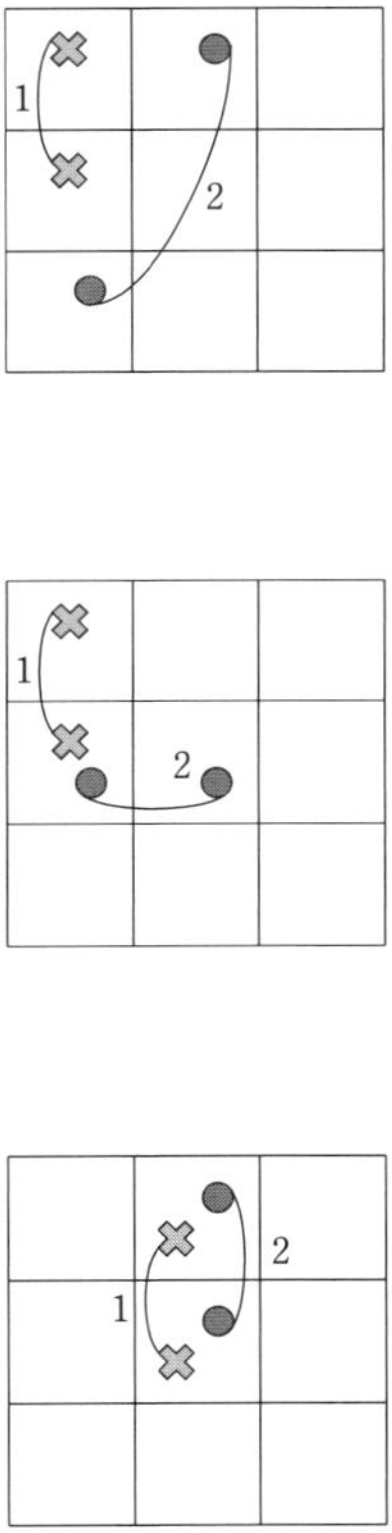

すでに選ばれたマスを選んでもかまわない。同じ場所に○や×が入った二手は、自分のでも相手のでも「もつれている」と表現することにする。

どちらかの指し手のあと、いくつかの指し手が「完全にもつれた」時点で「観測」が行われる。「完全にもつれた」とは、指し手を表す線が円環をなした状態のこととする。

円環をなして完全もつれ状態になったら、円環に入っている指し手のどれかを確定する。線で繋がれた二つの可能性のうちからどちらかを選ぶのである。「波束の収縮」に相当する操作である。小さな×

や〇、そして重ね合わせ状態を示す線は消して、確定した位置に大きな×や〇を書き込む。

ここで「観測」で選択を行って指し手を確定させるのは、完全もつれの指し手を打ったプレイヤーの対戦相手側であるとする。対戦相手がいわば一つの量子的な粒子となって、可能なマス目のうちから居

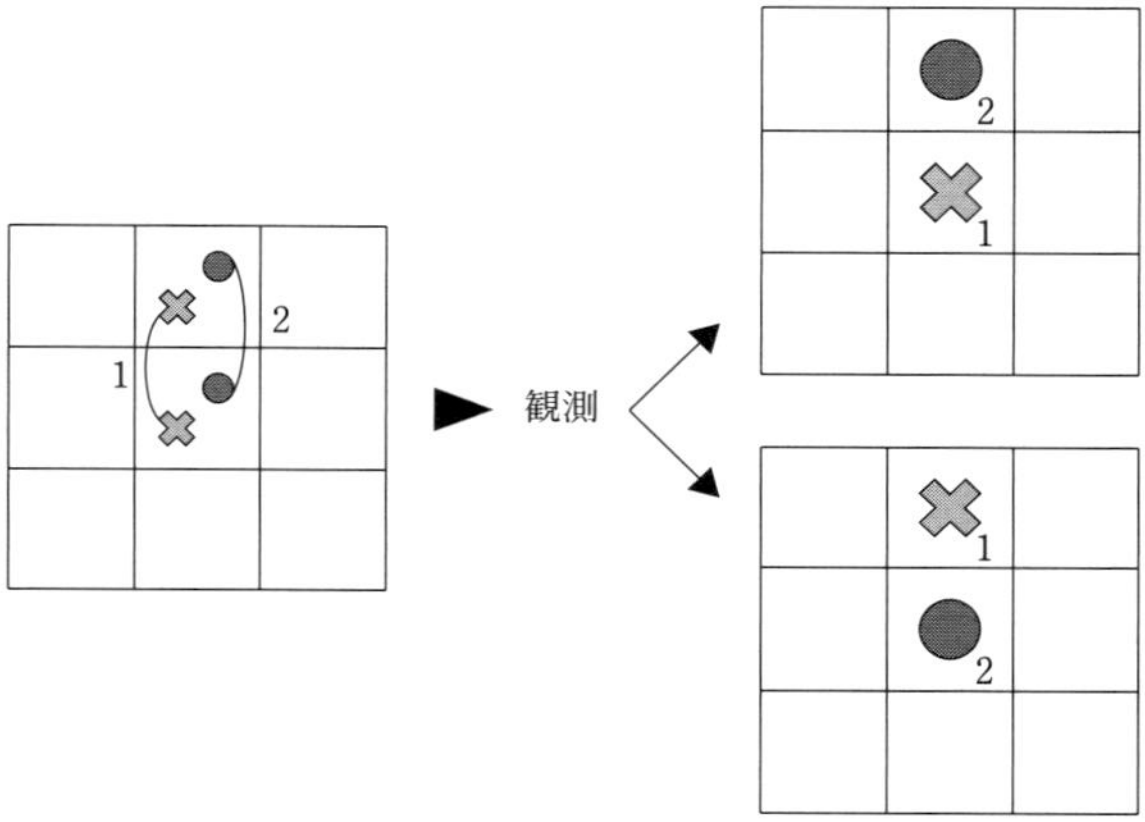

場所を自由に選ぶのである。試してみるとすぐわかるが、どれか一つの指し手を確定させると、それともつれた他の指し手が確定してしまい、円環に含まれる手は全部決まる。円環に連なる「離れた腕」の指し手も確定する。

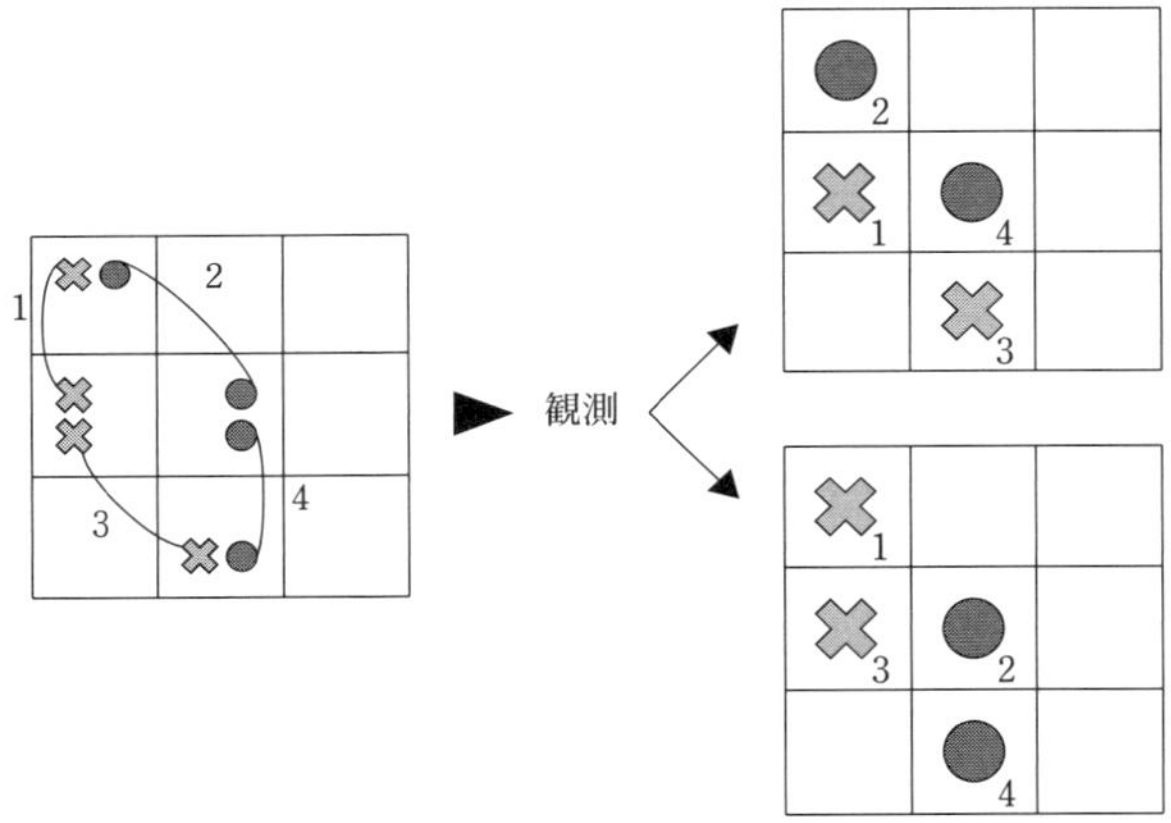

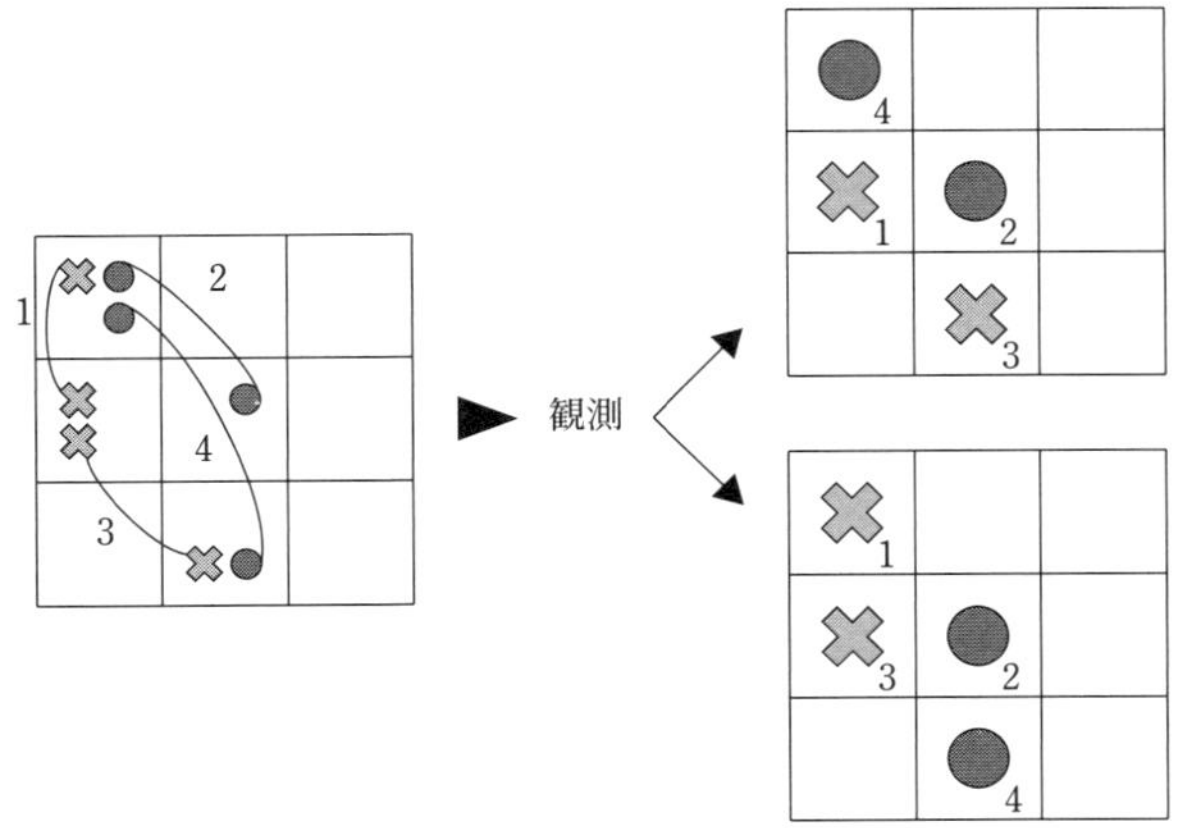

観測で確定して大きな×や○が入ったマスは、それ以降もう選べない。そして確定した×か○が、縦横斜めどの方向であれ、一列に並んだ時点で勝負がつく。

どちらも一列に並ばない場合は引き分けである。そしてこれは通常の三目並べでは起こらないことであるが、観測の結果、×と○が同時にそれぞれ一列に並んだ場合、これも引き分けということにする。

ゴフの考案したルールでは、同時に三マス並んだ場合の勝敗についての補則を定めているが、本質ではなくルールが複雑になるので、ここでは考えないことにする。またゴフのルールでは、円環ができた時点で観測を行うのは、次の手を打てるプレイヤーとなっているが、これを変更して、「観測結果はサイコロでランダムに確定マス目を決める」というルールのゲームも考えられる。あるいはこっちのほうが「さらに量子力学らしい」感じがするかもしれない。

すこし面倒なのは、多くの指し手が関与する場合、それらが円環をなして完全もつれに達したかどうか、ひと目ですぐ決められない点である。相手の指し手のあと、それを表す線がなにかの円環を完成させていないか、丁寧に調べなければならない。あるいは第三者がレフェリーとして、つねにもつれの円環の発生をモニターしている設定がよいかもしれない。

こうなるとレフェリーを自動化するプログラムがあればよい、と思い至ることになる。実際、この量子三目並べを行えるウェブアプリが、インターネット上にすでに公開されている。「quantum tic-tac-toe」の検索語ですぐに複数見つかり、その中にはスマートフォン用のアプリまである。これらのサイトではコンピュータが対戦相手までつとめてくれるので、試みにプレイしてみるのがよいだろう。

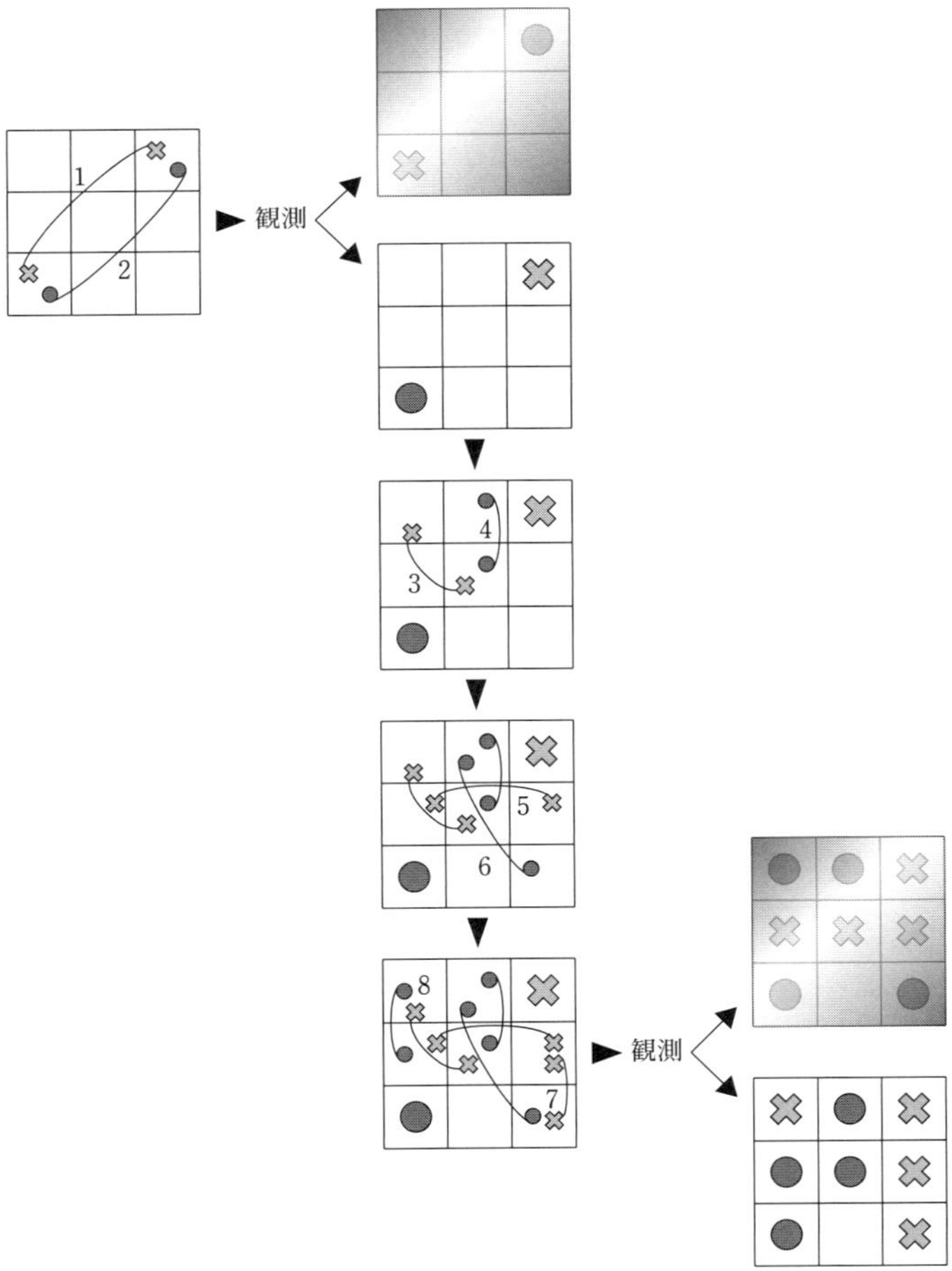
1
2
観測
3
4
5
6
8
7
観測

実際にこれをひとしきり遊んでみると、ちょっとした暇つぶしのゲームとして、なかなかに面白くできている。指し手が「量子的」な重ね合わせ状態になったことで、着手のヴァリエーションが圧倒的に増大し、たった九つのマス目の上で、驚くほど多彩な譜面が可能である。ゲームが進むにつれ確定しない×や◯がマス目に増えてゆく。一歩先が読めない霧の中のような混迷感と焦燥感。突然に宣告される完全エンタングルメントの円環。そして一つの観測から芋づる式に一挙にマス目が確定するときのカタルシス。あとに残る一抹の寂寥感。まるでミクロの不可解な世界を生きる電子や陽子の「実存的不安」を追体験するかのようだ。

素粒子の住まう量子世界と我々人間の世界には、存外な類似性があるのかもしれない。

一通りプレイに慣れてくると、当然このゲームの「解」があるかどうかを知りたくなる。ここで「解」といったのは、このゲームに必勝法があるのか、もしくはゲームは引き分けなのかを決めることを指している。この問題の答えは東京電機大学の石関匠、松浦昭洋両博士によって二〇一一年に与えられた。コンピュータによる指し手のシラミつぶしの検索を行った彼らは、このゲームに必勝法はなく、最善の指し手でゲームは必ず引き分けに終わることを明らかにした。つまり通常の三目並べと同様、このゲームは両プレイヤーにとって公平なゲームなのである。

素粒子世界にしろ人間世界にしろ、物事の進行が不確定だからといって、それが必ずしも不安や寂寥感をもたらすとは限らない。測定で突如変化する将来は、逆にいうと過去の忘却や消去を意味する。そして忘却は精神の晴朗さの源泉でもある。測定ごとにそれまでの指し手の記憶が消えて新たな状態が確定し、それが次の指し手と測定の結果を左右していくこのゲームを見ていて、筆者の念頭にある言葉が思い浮かんだ。それは「皿」と題された、不可思議な美しさを放つ西脇順三郎のギリシャ的抒情詩である。

黄色い菫が咲く頃の昔、
海豚は天にも海にも頭をもたげ、
尖つた船に花が飾られ
ディオニソスは夢みつゝ航海する
模様のある皿の中で顔を洗つて
宝石商人と一緒に地中海を渡つた
その少年の名は忘れられた。
麗な忘却の朝。

それにしても、たった三行前に出た少年の名前「ディオニソス」を、春の海を眺めて忘れられる現代詩の巨匠は、かなりひどく量子的であったにちがいない。

III

量子力学と宇宙、生命、そして人間世界との関わりについて

けれども　おれは知っていた
永遠などというものは
結局　どこにも無いということ
それは蛔虫といっしょに
おれの内部にしか無いということを

——村野四郎「秋の犬」

17　行列とヴェクトルの抽象世界へ

(1)　行列力学

量子的な状態とその観測結果、そして量子的なもつれが、常識から考えて不思議で理解が困難である事実に関して、よく引き合いに出されるのがファインマンの言葉である。「量子論を本当に理解していると称する人がいたら、それは本人がなにも理解していないのだ」という趣旨のものだ。

日常スケールの一〇億分の一、一〇〇億分の一の世界では、物事が不確定に生起するだけでなく、いまここで起こることに、遠くで誰かがほぼ同時に起こした別のことが影響する。実はこのような常識を破る「了解不可能」な事態こそが、水は流れ地は固く光はとらえどころがないといった、我々の慣れ親しんだ世界の存在基盤になっていることを、我々はいまや知っている。日頃慣れ親しんだ常識の通用しない世界に突然放り出されたとき、我々はどう振る舞えばいいのだろうか。それを考えるために、この

「量子論の了解不可能性」をもう一度整理してみよう。

＊　量子論を「問題を解く規則の集合」と考えて理解し運用することはできる。

＊　この規則は全体として一応つじつまが合っている。

＊　この規則を我々の常識で考えるといろいろ変である。

ここでいう「常識」というのは、身の回りにある「物」たちの振る舞いについて、我々誰もが長年培ってきた常識ということである。アインシュタインやボームといった人びとは、この事態は異常で一時的なものだと考えた。とりあえず見つかっている規則は、いずれその背後にある新しい規則の集合で置き換えられ、それら新しい規則は我々の常識ともそりのよい「了解可能な」ものだろう、というのである。

その可能性はもちろんまだ十分にある。量子論の発見からまだ一〇〇年ほどの現在、原子世界を我々は制御しきれておらず、本当には知り尽くしていない。人間の知恵がいまだに不確かなのは、とくに驚くべきことではないのかもしれない。

しかしそのように考えない人びとが、量子力学の発見当初からいた。それはボーア、ハイゼンベルク、パウリ、ボルンといった人びとで、実は彼らが量子力学の発展を支えてこられたのは、彼らが「了解可能性」の要求を早い段階で捨て去ったからに他ならない、と考えることもできる。電子や陽子、光子といったものには色も匂いもないし、味も形も触感もない。それは別に驚くべきことではなく、我々の五感ではとらえられない量子的な粒子に関して、五感による記述を試みるほうがおかしいだろう。そうだとすれば、量子的な粒子に対して、我々の通常の論理に従うことを求めるほうがおかしいのではないか。「一つの原因から一つの結果」という確定的因果律や、「物の物理的性質は見るか見ないかに無関係」という物理量の実在性が成立しないことに、いったい我々は頭を悩ます必要があるのだろうか。

このような疑問から出発したのが、ハイゼンベルクの行列力学だったのである。この行列力学はシュレーディンガーの波動方程式と並んで、量子力学の基礎方程式を与えるものであった。

ハイゼンベルクの考えはこうである。もし原子の中の電子の状態が、電場や磁場をかけて光を当てて、出てくる光のエネルギーを測ることでしか知ることができないとすれば、電子がどんな軌道を回っていて、どのように光と反応しているかを論じてもしようがないではないか。ある入力に対してある出力を与えるブラックボックスがあれば、ブラックボックスの振る舞いについての、効率的で完全な規則の数学的記述があれば十分ではないか。仮に得られた規則が、他の場所で得られた常識と異なっていようとも、それはブラックボックス特有の規則として受け入れざるを得ないだろう。

通常の五感では検知すらできない極微の粒子を記述できるのは、五感とは隔絶した抽象的な数学であって、おそらくは抽象的な数学のみであろう。

そのような考えのもと、ハイゼンベルクが数学者ボルンの協力を仰いで得たものは、革新的な視点であった。それによると物理量は一つの数ではなく、たくさんの数の入った正方行列で表される。量子的な粒子の状態も普通の数ではなく、いくつかの数の入った縦ヴェクトルで表される。そして量子的な粒子の観測はいくつかの横ヴェクトルのセットで表され、横ヴェクトルと縦ヴェクトルで行列を挟んだ内積が、観測結果の生起する確率を表す、というのである。

この描像から、行列の固有値と固有ヴェクトルとして、量子固有値と固有状態が自然に出てくる。ハイゼンベルクのはじめた抽象的なヴェクトルと行列による量子状態の記述は、我々の常識から見ると奇妙きわまりない逆理をもたらす。そしてそれらの逆理とは、これまでも「魔法の部屋の蹴鞠たち」のたとえ話で述べてきた、確率的で観測に依存し遠隔相互作用を含意する量子的な粒子の振る舞いに他ならない。

ハイゼンベルクの行列力学は、当初はシュレーディンガーの波動力学と競合していた。どちらも同様に、正しく水素原子のスペクトルを予言し、どちらも同様に電場や磁場の中の電子の振る舞いを定量的に記述したのである。時を置かずシュレーディンガーが両者の数学的同等性を証明した。そして少々時を経て数学者フォン・ノイマンが、行列力学の数学的本質を抽出して「ヒルベルト空間上の自己共役演算子の理論」をつくり上げた。

これが今日も我々の前にある量子力学の完成形である。これで

＊ 量子論は「問題を解く規則の集合」と考えて理解し運用することができる。

＊ この規則は数学的に完璧に整備されている。

という状態にもってこられたわけである。これでは不満であるとする、アインシュタインやボームの知的子孫たちの探究は続くだろう。しかしこれが我々に許されたすべてである、抽象的で古典論的常識と合わないことには目をつぶる、とする「コペンハーゲン主義」は、現在でも量子力学に対する見方の主

流をなす。哲学者ウィトゲンシュタインの記した忘れがたい詩句が、コペンハーゲン主義の標語にふさわしいであろう。

Zu einer Antwort, die man nicht aussprechen kann,
kann man auch die Frage nicht aussprechen.
言い表し得ぬ答えに対しては、問いもまた言い表すことができない。

Wovon man nicht sprechen kann, darüber muss man schweigen.
語り得ぬことについては、人は沈黙せねばならない。

(2) 量子形而上学

世にはシュールに不思議な言葉がある。最近見たものでは「応用哲学」というのもそうだ。この言葉を思いついた人は間違いなく天才である。ちょっと前に物理学で聞かれた「量子形而上学」というのもその類だろう。これは一九六〇年代のベルの不等式の発見と、一九八〇年代からいまに至るその実験的確証にからんだ、本書でも見てきた量子力学の理解を巡る事情を、皮肉と自嘲と誇りを三分の一ずつ混ぜて、割と的確にいい当てた言葉なのである。筆者の知る限りこれをいい出したのはジュネーヴのニコラス・ジザンである。

＊量子形而上学の根本原理の一は、物理量の演算子性とそれにともなう事物の客観的実在性の否定である。

＊量子形而上学の根本原理の二は、相補性とそれにともなう観測者の選択と断念である。

＊量子形而上学の根本原理の三は、事象の非局所性とそれにともなう世界の総体性である。

量子力学の成功とその応用の急務の陰に隠れて、大方の注目からははずれていたものの、観測による状態の変化、物事の確率的生起、量子もつれといった、量子的状態と量子的観測に関する奇怪な諸現象は、実は量子論の創設当初から議論の対象となっていた。それはボーア対アインシュタインの論争として、科学史上でも大文字で記載された事項である。

アインシュタインとボーア

これまでも繰り返し見てきた通り、量子力学では、粒子の物理量に関して最初からある値があるものと考えることはできず、それはつねに観測者の測定の設定に依存する。電子のスピンが上向きか下向きかは、測定者の観測軸の向きによって答えが変わった。これは向きの方向の定義、といった自明な意味を超えていそうであった。たとえばある向きの軸に沿った観測で得た「上向き」という電子スピンの状態は、それと直角の向きで観測すると、まったく同じ状態から出発しても結果は毎回異なって、「上向き」の場合と「下向き」の場合が拮抗して等確率で見いだされるのであった。

量子もつれが登場する場合の、さらにものすごい状況も我々は見た。二つの電子スピンをある状態に置いたあと、二つを離して一方の向きを測ると、その結果が、遠くに離されたもう一方のスピンをどのように測定したかに依存したのだ。つまり遠くの別の観測者がなにをしてどうなったかが、こちらの観測者の手元にある電子スピンの値に、一種テレパシーのような影響を及ぼしたのである。

量子論のこのような不可思議な性質は、実はより基本的な深いレベルの「もっと普通の理論」の一種統計的な結果であって、物理学がもっと先に進んでそこまで解明された暁には、不思議でもなんでもなく、納得ができるようになる、という考えもずっと存在した。そのような論者の代表が、アインシュタインに他ならない。ボーア対アインシュタイン論争というのは、アインシュタインのそのような「客観主義的」な考えに、ボーアが嚙みついてはじまったのである。ボーアの考えでは、観測者の設定と認識の役割、量子論のいわば「主観主義的」側面は、より深いレベルで消失すべき仮の姿ではなく、むしろ世界の本質的な存在構造なのである。たとえば異なった二状態の確率的重ね合わせ状態にある微視的な粒子、あるいは巨視的な猫があるとしよう。観測者が観測を行う以前に、それがいったい観測者から見てどんな姿で存在していたのかを議論するとすれば、それは人知には及ばない事項についての、答えのけっしてない質問を行っているのだと、ボーアは語るのである。

歴史的な事実からすれば、最初に嚙みついたのはボーアではなく、ボーアの思想をどうしても受け入れられなかったアインシュタインのほうだったのかもしれない。

しかしそれはすでに過去の歴史となった。ここ三〇年の「実験的量子形而上学」によって、その論争に関しては、さしあたって「第一審」の決着がつけられたのである。勝ったのはボーアであった。もしアインシュタインが正しくて、世の根本法則が観測無関係な「客観的実在性」と「局所的因果律」を尊重するものだとすれば、二電子スピンの測定実験で「ベルの不等式」が満たされなければならない。クラウザー、そしてアスペの実験で示されたのは、このベルの不等式の紛うことのない破れであった。その結果が含意するのは、量子的現象に関しては、主観に無関係な物理量の客観的実在といったものを措定することができないか、または、ある場所での物理現象がそこから離れたすべての場所の現象と分かち難く結びついているかのどちらかだ、ということなのである。あるいは現実は、その両方なのかもしれない。

そしてこの量子形而上学で唱えられた物事の主観依存性、テレパシーのような非局所性の直接の帰結が、我々がときどきニュースでも聞く「量子計算」であり、「量子暗号」に他ならない。既存の最強暗号であるRSA暗号を瞬時に解いてしまうとされる「ショアのアルゴリズム」がその一方の代表であり、それにもかかわらず原理的に解けないとされる暗号、第9章で解説した「BB84プロトコル」が他方の代表であった。量子形而上学の直接の応用である「量子情報科学」は、理論物理学から情報通信産業にまたがる大きな学問の新分野として、いまやすっかり定着した。

そして最近ではむしろ、「量子情報」はある意味で、その成功の代償を払う段階に入ったのかもしれない。二〇年前には一般の新聞や雑誌、新刊書でもよく見かけたこの言葉は、最近は見かける機会がめっきり減ったようにも思える。あらゆるキャッチフレーズの例に漏れず、「量子情報」という言葉も、使いはじめられて三〇年を超え、当初の新鮮な魅力がすこし失せてきたのだろうか。あるいはそろそろこの言葉に置き換わるべきなにか新しい標語が必要な時代に入ったのかもしれない。

それならば「応用量子形而上学」はどうだろうか。

それに応じて、これまで単に「量子形而上学」といっていたものは「基礎量子形而上学」とよび直されねばならないだろう。そしてそうこうしている間に、ボーア対アインシュタインの量子論の基礎を巡る論争の、いわば「第二審」の審理がはじまろうとしている。生命活動に果たす量子力学の役割についての、実証的な研究がはじまったのである。これはいずれ我々自身の思考や認知活動における量子力学の実証的研究にもつながると期待され、いずれは「量子力学の観測問題」に関する新たな知見へと、我々を導いてくれるはずだからである。

18　ディラックの海

(1)　ディラック方程式

量子力学と並んで、二〇世紀の初めに物理学上の大変革を巻き起こしたものに、相対性理論がある。幾人もの物理学者の協働と競合の結果生まれた量子力学に対して、相対性理論のほうはほぼ全部が、アインシュタイン一人の頭脳の中で形をとって生まれたものである。

相対性理論には二種類あって、一つは重力のない世界での時空構造を記述する特殊相対性理論、もう一つは重力が時空を歪めるさまを記述する一般相対性理論である。

現代物理学の究極の夢は、一般相対性理論と量子力学を融合させて、重力を含む四つの根源的な力を統一的に記述する最終理論に到達することである。ところが一般相対性理論と量子力学はなぜかとても相性が悪く、統一は困難を極めている。現在も世界中の選りすぐりの頭脳が競ってこの夢に挑んでいるが、いまのところその手がかりすらつかめていない、といってよいだろう。

それに対して、特殊相対性理論と量子力学の統合は、一人の奇才ディラックによって、比較的早く達成された。特殊相対性理論はニュートンの古典力学の枠組みの拡張であるが、光速に近い速さで運動する粒子があるとき、古典力学と実験との違いが大きくなり、そこでは特殊相対性理論による扱いが必須となるのである。

ディラックによる特殊相対性理論と量子力学の結合は、驚くべき帰結をもたらした。シュレーディンガー方程式にせよ、ハイゼンベルク方程式にせよ、出発点となったのはエネルギーが運動量の自乗に比例するという非相対論的な関係式である。その軽さのため非常に高速で運動できる電子には、本来これらの方程式の適用は難しいはずであった。

実際シュレーディンガーも、波動方程式を導く当初はそう考えていた。彼が最初に書き下した方程式は、エネルギーの自乗が、質量に比例する静止エネルギー項と運動量の自乗に比例する項との和で与えられる「相対論的なエネルギー運動量の関係式」から導かれたものであった。

今日では「クライン＝ゴルドンの方程式」とよばれているこの最初の方程式はしかし、水素原子中の電子の運動に適用しても、実験的に正しいはずのボーアのスペクトル公式を導きださない。シュレーディンガーは仕方なく、相対論的でない昔ながらの古典論的なエネルギー運動量の関係から出発して、今日のシュレーディンガー方程式を導いていたのであった。なぜかこちらのほうは、ボーアのスペクトル公式を再現するのである。

今日から見るとこれは、水素原子中の電気力の弱さに起因する偶然の僥倖で、そのために電子の運動は光速よりずっと遅くなっていて、非相対論的な方程式が十分な精度で成り立っていたのであった。それでも仔細に見ると、非相対論的な扱いでは不十分なことが、水素のスペクトルの「超微細構造」とよばれる実験事実からわかっていた。シュレーディンガー方程式で計算すると、本質的な理由で同じエネルギーになる二つの固有状態が、実験で微細に分かれて見えていて、これは相対論的効果に起因するにちがいないと、みなが思っていたのである。

しかし実際に正しい電子の相対論的な波動方程式を導くことができたのは、ディラックただ一人であった。

彼はそれまで知られていた相対論的エネルギー運動量の関係式を「半分に割って」、エネルギーが質量に比例する項と運動量に比例する項の和からなる、奇妙な式を導いた。通常では成立しないはずのその関係式は、一六個の数の入った四行四列の行列を四つ含むものだった。

シュレーディンガーの波動方程式がハイゼンベルクの行列力学と同等なら、シュレーディンガー方程式自体に行列の入った波動方程式があっても、なにも不思議なことはないではないか。

こうして導かれた行列の入った波動方程式、すなわちディラック方程式は、水素原子に適用すると、ほぼシュレーディンガー方程式に近い固有エネルギーを出すだけでなく、微細構造をも予言して、当時の実験とあらゆる点でぴったり一致していたのである。

ところが驚きはその先にもまだあった。

ディラック方程式の予言する水素原子中の電子の固有値は、エネルギーを縦軸に書くと、ゼロの値を起点に上下対称になっていた。つまり実験に合うエネルギーが正のスペクトルと並んで、エネルギーが負のスペクトルが鏡に映ったように出てくるのだ！

これは水素原子中に限らない。電子の固有値を計算すると、どんな場合でも実験で出てくる一式の正のスペクトルと並んで、実験には見つからない、鏡で映したような負のスペクトル一式が予言される。たとえば自由電子では、質量の値からはじまって正の無限大に向かう無限個の固有値があるが、ディラック方程式の解には、質量をマイナスにしたところからはじまって負の無限大に向かう無限個の固有値も存在するのだ。

高いエネルギー状態にある電子は、いずれなにかの微弱な揺らぎに感応して、光を出して低いエネルギー状態に遷移していくという、量子力学の通則を思い出そう。正のエネルギー状態にある電子は、より低い負のエネルギー状態にどんどん移行してしまい、どんな原子もどんな物理系も光を出し続けて、無限のマイナスエネルギーへ向かって崩壊するだろう。

ディラックはこの困難を前にしても臆せず、彼の方程式を捨て去る代わりに、次のように考えた。

負のエネルギーの固有値は確かに存在するのだが、我々がなにもない真空と考える状態ですでに、そこにはフェルミオンである電子が詰まっている。そのために正のエネルギー状態に置かれた電子は、正の最小エネルギー以下には遷移できず、原子は崩壊を免れる、と。

もしそうならば、負のエネルギー固有状態に詰まった無限個の電子のために、真空が無限の負のエネルギーをもってしまうという反論に対して、ディラックは答えた。エネルギーの絶対的な値に意味がないのはみなの知る通りである。それは高さと同じで、「ここを起点にしていくら」としかいえないのだから。我々は負のエネルギー固有状態が全部詰まった状態を真空として認知し、その状態のエネルギーをゼロと感知するようにできているのだ。これから勘定して、詰まっている負エネルギーの電子無限個を仮に全部取り去った場合、それが無限のエネルギーをもつとしても、なんら不都合がないではないかと。

つまり計算上無限が出てきても、観測にかかる量ではない「エネルギーの起点」をずらしてみて、観測上なんら不都合がないならば、たとえ常識にあわなくても、それは一向にかまわないというわけである。

このような無限大の処理法を量子力学では「くりこみ」ないしは「再規格化」とよぶ。粒子と電磁場やその他のボソンの場の両方を扱う量子論である「場の量子論」では、計算上の無限量の発生は例外ではなく通例である。それゆえ「くりこみ操作」は舞台の定番の登場人物のごとくに頻出する。ある種の場の理論はくりこみ操作による無限量の消去を許し、ある種の理論はそれを許さない。いまではこれをよい理論と駄目な理論を区別するための目印にさえしている。前述の超対称性理論の大きな利点は、そこでは「くりこみ可能性が保証されている」という事実なのである。

さてディラックの負エネルギー固有状態が全部詰まった真空の話に戻ると、無限エネルギーの問題はくりこみで回避しても、一つの問題が残っていた。それは負エネルギー状態から電子が抜けた状態についてである。ある一つの負エネルギー状態にある電子が突然消えたとしてみよう。この負エネルギーの欠落した「穴」は、勘定からいって正のエネルギーをもつだろう。ディラックは彼の方程式を考察して、この「穴の状態」が、電子と瓜二つで電荷の符号だけ異なる、正のエネルギーの粒子として観測されると結論した。

ディラックはさらに考えを進めた。いま真空の負エネルギーが全部詰まった状態に、外部からエネルギーを与えて、ある一つの負エネルギー状態にある電子を、正のエネルギーに遷移させたとしたらどうなるのだろうか。その場合は電子と、負エネルギーの状態の「穴」が発生する。この穴は我々には「反電子」（または名を陽電子）として観測されるはずである。ディラック波動方程式が正しく、真空がディラックのいう通りに負エネルギーの詰まった海のようなものだとすれば、反電子が存在して、それは真空に十分なエネルギーを与えたときの電子と反電子の対発生で見つかるであろう。

自ら導いた理論への信頼に基づく、なんたる大胆不敵な予言。科学史上でもこれに匹敵するものは、ただマクスウェルによる電磁波の予言のみであろう。まもなくカール・デイヴィト・アンダーソンによる実験があり、反電子が対生成によって理論通りにつくられた。

電子に限らない。あらゆるスピン1／2のフェルミオンはディラック方程式に従い、そのためあらゆるフェルミオン粒子にはその反粒子がある。反粒子は粒子と電荷のみが反対で、その他の性質はまったく同じである。粒子と反粒子は真空にエネルギーを注入することで対生成される。

そして反対に粒子と反粒子は衝突させて真空に戻すことができる。すなわち対消滅である。

対消滅では粒子の質量二個分のエネルギーが解き放たれる。通常の核爆発が、質量の一％以下の消滅によって引き起こされることを考えれば、この対消滅のエネルギーの膨大さを想像することができるであろう。幸か不幸か、対消滅をマクロのスケールで用いたエネルギー装置を、いまだ我々は手にしてはいない。

（2） よいお天気ですね、ディラック先生

量子論の創成期を彩る奇人変人ぞろいの天才たちのうちでも、ディラックの奇人ぶりは群を抜いていた。彼の最大の特質は寡黙さであった。

量子論と相対論を結んでアクロバティックに導出されたディラック方程式、そしてその結果の熟考から生まれた「反粒子」の存在予言。この科学史上に燦然と輝く数学美の勝利は、喩えてみれば、大言壮語や無駄口を疎んじ、沈黙の修行で技を磨き抜いた剣士の秘剣の一閃のようでさえある。

彼が言葉をあまり発しなかった直接の原因については、いくつかのよく知られた理由がある。子供時代夕食の席ごとフランス語を父から強制されて、彼はフランス語の会話、そして会話一般を恐怖するようになった。長じて二〇代で物理学の大家となってあとも、彼の言語に関しての不運は続いた。太平洋横断と日本ツアーまでともにした「戦友」ハイゼンベルクが、国家社会主義党の政権獲得を一種の歓呼をもって迎えたとの報に接して、得意だったドイツ語も以降いっさい使うまいと、彼は心に決めた。

しかしディラックの寡黙さの真の原因は、日常言語で他者と真の意思疎通を行うことはできないと、

ディラック

彼が感じていたことに由来するようにも思える。量子物理学を説明してくれという家族や友人に対しては「無理です」といって黙りこむのがつねであった。それでもどうしても説明が欲しいと迫る友人に、彼は語っている。

「それは目隠しした人に触覚だけで雪の結晶がなにかを教えるようなもので、触ったとたん溶けてしまうのだ。」

彼がとりわけ信を置いていなかったのは、日常言語で宇宙や存在を語ろうと試みる哲学者たちであった。ディラックがいた頃のケンブリッジで一番の論客として鳴らしていたのがウィトゲンシュタインであった。主著『論理哲学論考』で沈黙を勧めているようにも見える哲学者は、現実には威圧感に満ちた能弁家であった。運悪くこの哲学者と同席するたび、彼のいつ果てるともない弁舌にディラックは毎回辟易するのだった。ウィトゲンシュタインを含む当時の欧州の哲学者たちが、書物や講演で、量子波動関数や不確定性原理について的外れなことばかりたくさんいったり書いたりするのを見て、彼の不信は嫌悪にかわった。彼らが量子力学どころか、パスカル以来の確率の概念すら本当には理解できていないように、ディラックには思えたのである。

ディラックの特質が一番よく出た話が、英国国営放送の番組「イギリスの人物たち」の取材に訪れた女性記者のインタヴュー時のものである。

記者：ご多忙の中、お時間をいただき恐縮です。現代物理の発展、その知的世界全体への衝撃、そしてそれが英国社会に与える影響について、きょうはゆっくりお話をうかがいたいと思い、お邪魔にあがりました。

ディラック：ようこそ。

記者：どうぞよろしくお願いいたします、ディラック先生。幸い今日はとてもよいお天気でございますね。

（無言で立ち上がるディラック。あっけにとられる記者を横目に、あたふたと部屋を出て行く。なにか機嫌を損ねたかと彼女が心配して待つこと二分、庭へ出て戻ってきたらしい彼が真顔になっている。）

ディラック：おっしゃる通り、よいお天気でした。

もしディラックが現代に生まれていたら、初等学校の低学年あたりから自閉症と診断され才能の芽をつまれていたかもしれない。天才が天才として花開くためには社会のおおらかさが必須なのだろう。

19　量子トンネリング

量子トンネリングは、量子的確率波の回折現象の一種である。

回折現象とは、粒子の流れにはけっして到達することのできない場所に、波の流れが到達する現象をさす。

波は回り込み、拡がる。壁の向こうの会話が、横のほうにある扉を回り込んで、あなたが座っている椅子の位置にまで聞こえてくる。寝室の薄いカーテンの素材の合間をすり抜けて、朝の光があなたの目覚めを誘う。

量子的な粒子に特有の回折現象が「量子トンネリング」である。これは量子波動関数が、古典的には到達できない領域に滲み出す現象である。このためにたとえば、薄い壁の向こうに閉じ込められた粒子が、壁を突き抜けてこちらに現れることがある。これは波動関数の波長が壁の厚さより長い場合により強く起こり、ド・ブロイ波長の長い軽い粒子で顕著である。逆に重い粒子、たとえば身の回りのボールなどは量子波長が極端に短く、これが部屋の壁を通り抜ける確率はゼロに等しい。

導線を伝わる電子にとっては、導線の外の空間は壁である。しかし数十分の一ミクロンに近づけられた二つの導線の間なら、電子が空間を伝わっていく。十分に加速された電子の波長がその程度なので量子トンネリングが起こるのだ。

これを応用したものがスキャニング・トンネリング電子顕微鏡である。トンネリングの強さが壁の厚さに敏感に依存するので、電子で一杯にした金属の針で、物の表面をスキャンすると、空間を伝わった電子の量から、表面の凹凸の形状を知ることができる。

これに限らずサブミクロンの大きさで機能する電子デバイスでは、量子トンネリングの工学的利用は非常に一般的である。有名なエサキ・ダイオードの別名が、トンネリング・ダイオードであることからも、それは知れるだろう。現代の物性物理学でよく登場するジョセフソン結合素子というのもトンネル効果を用いた電子素子である。半導体の代表である不純物半導体内部で、電子はどのように流れるのだろうか。不純物があると「アンダーソン局在」という効果で、電子は不純物の周りにトラップされる。そこから抜け出すのに十分なエネルギーをもてなくなっているのである。ところが量子力学的には、それでもある確率でトラップを抜け出して、別な不純物の周りに移行することができる。そのようなことの繰り返しで、小さな電気伝導が発生するのである。そう考えてみれば、半導体工学全体がトンネリング現象の上に打ち立てられているといっても過言ではない。

量子トンネリングを用いてできる奇妙なことの一つが、直感に反するエネルギー・フィルター構造をもった量子的な壁の設計である。通常の世界の壁なり扉なりは、弱い勢いで体当たりしても跳ね返され、十分強い勢いで当たると壊れたり開いたりして、そこを通り抜けることが可能となるだろう。量子力学的な薄い壁を透過する粒子に対してもそれと同様なことはできる。すなわち低いエネルギーのものは反射し、高いエネルギーのものを透過させる壁をつくることは容易である。ところが同時に、その逆の性質をもち、高いエネルギーの粒子を反射させ、低いエネルギーの粒子を透過させる壁をつくることもできるのである。壁の薄い極限を考えて、前者の「普通の」壁のことをディラックのデルタ関数型ポテンシャルとよび、後者の「ヘンテコな」壁のことをシェバのデルタ・プライム関数型ポテンシャルとよぶ。いまのところまだ理論的に知られているのみで、実験の検証を待たねばならないが、このデルタ型とデルタ・プライム型の透過特性を上手に使い分けることで、様々な量子的な一電子デバイスの開発が可能になると考えられるのである。

量子トンネリングは、普通に考えると生起しない現象が、巧妙な悪巧みやエキゾティックな技法で特別に発生することの喩えとして、ときに物理学を超えた一般の会話にも顔を出すことさえある。

量子トンネリングを用いて便利なものをつくるというのは、実は人間の専売特許ではなく、この世を創った造物主も、量子トンネリングを使っているらしい。つまり宇宙創世にも量子トンネリングが深く関わっているのである。宇宙インフレーションの駆動力は量子トンネリングなのである。

宇宙インフレーションとは、宇宙創世のはじまりであるビッグバンに続いて起こったとされる宇宙の急激な大膨張のことで、これによって最初は芥子粒のようだった宇宙が、広大無辺の広がりへと、一瞬のような時間で膨張を遂げたのである。

空間自体の構造を記述するアインシュタインの一般相対性理論には「宇宙項」とよばれる項がある。宇宙項の大きさはダークエネルギーの量を表している。この宇宙項の係数が正で大きいと、小さな閉じられた空間がその勢いを加速しながら膨張することが、ウィレム・ド・ジッターによって示されていた。

現実の我々の宇宙では、この宇宙項はあまりにも小さすぎて、宇宙創世で小さな空間がつくられたとしても、そんなに急速に拡大することはない。ところが小さな閉じた空間特有の「大きな空間曲率」がある場合、量子的なトンネリングの効果がダークエネルギーを生む。そしてそれは実質的に巨大な宇宙項と同様な働きをするのである。その結果生まれたばかりの小さな閉じた空間であった宇宙は、ド・ジッターの予言通りに急膨張を遂げるのである。

巨大になった宇宙は曲率が極端に小さくなるので、量子トンネリングの効果は終わって、宇宙はいま我々が見るように多かれ少なかれ安定なのである(とはいえ、いまの宇宙にも旧膨張時と比すれば何桁も少ないにしろダークエネルギーは残存していて、それが宇宙全体のエネルギーの3／4を占めているのは、読者もご存知の通りであろう)。

思弁的な宇宙論や空想小説などで、ときどき「パラレルワールド」について語られるのを聞くことがある。我々のとそっくりながら、なにかすこしだけ違ったり、同じ素材でできていながら違った歴史をたどった我々の世界とは別の世界が、異次元のどこかに存在するとする考えである。通常は到達できない異次元で隔てられながら、ある意味で我々の隣にある並行世界。そんなものがあるとしたら、そちらへの到達を可能にするのは量子トンネリングしかないだろう。量子的にスリップして到達した並行世界では、人びとはより善良でより美しく、物事はすべて完璧な秩序をもっているのかもしれない。

量子トンネリングという概念はきっと、一見達せられない高い障壁の向こうにある目標でも、知恵と想像力とをもってすれば必ずや到達できる、という明るい世の仕組みの隠喩なのであろう。

量子トンネリングの存在により、無限の高さの壁で隔てられてでもいない限り、どんなものであれ準安定状態にあるものは、いずれ長い時を経るうちに、壁を超えて絶対的に安定な最終状態へと遷移する、と考えることができる。量子トンネリングを、悠久の時の流れを計測する時計として用いようという考えは、自然なものであろう。カーボン同位体測定法、といった技術がまさにそれに相当する。はたしてこれは、どのような現象に基づいているのだろうか。その答えは放射能である。

ミクロの世界で始終起こっている量子トンネリングは、我々の日常の背後にいつも潜んでいながら、時に目に見える形でふと顔を出すことがある。それが放射能である。

放射能は原子よりはるかに小さい原子核世界からの我々のマクロな生活世界へのメッセンジャーである。万物を構成している元素の中心に座る原子核は、陽子と中性子を「核力」または「強い力」とよばれる極微の世界の力で固めたものである。量子トンネリングはある種の元素を不安定にする。不安定な原子核からは、電子が、中性子が、そしてヘリウム原子核が、強い力の障壁を量子トンネリングですり抜けて、外界に出てくるのだ。いうまでもなくこれが、それぞれγ線、β線、α線の正体である。放射線の放出にともなって原子核は分裂し、融合し、膨大なエネルギーを吸収放出する。そして新しい元素が生み出される。原子核反応である。放射線の量子トンネリング現象としての本性を指摘したジョージ・ガモフに面白い逸話がある。彼が最初に発見したのは、α線の放出が原子核中でのトンネリングによる原子核崩壊に他ならないことであった。それに続いて彼はラルフ・アルファとともに宇宙初期の核反応についての理論をつくったが、そのときお茶目心からハンス・ベーテを共著者に加え、できあがった論文をαβγ論文と称したのである。

放射能は実は古代からラジウム泉やラドン泉といった温泉の効能、いわゆる「ホルミシス効果」を通して人類に親しいものであった。そして量子力学の発見は、人工的な原子核反応の起動と、放射能エネルギーの解放を人類にもたらした。

原子核爆弾、原子力発電。

我々はいまだに元素変換の量子トンネリングの制御に成功していない。我々はいまだにハルマゲドンの悪夢を見続けているようだ。量子トンネリングと人類の物語は完結していない。幸せな結末がいつ訪れるのか、果たして幸せな結末が訪れるのか、我々は答えを知らない。

20　量子と宇宙

（1）中性子星のカルマ

量子トンネリングは、これを現代の我々が制御できていないにせよ、造物主はこれを存分に活用して世界をつくり上げてきた。我々の周りにある多様な元素たちは、星の中で量子トンネリングによってできたものである。その元素たちが集まって惑星になり、海になり、そこに微生物が生まれ、宇宙から注ぐ放射線の起こす突然変異をうけて、幾億年の進化を経た末に、我々人間がここにいるのである。

量子トンネリングで諸元素が生み出され、量子トンネリングで放射線は生み出され、それをもとに我々生命体は発生し進化してきた。ところが地上の我々の周りにある重要な元素たちについて、そして地上に降り注ぐ宇宙放射線について、長らく解明されない疑問があった。それは次のようなものである。

＊　地上で実際に見かける重金属元素の量は、普通に考えるより多すぎる。人類文明のこれまでに不

可欠な素材である金、将来を決する素材であるウラニウム、これらはどこからきたのか。

＊　地上に満ちている放射線の起源が不明である。生命の進化、人類の進化に不可欠な宇宙放射線はどこからきたのか。

その鍵を握るのが「中性子星」とよばれる星々である。

中性子星というのは、太陽ほどの重さを直径十キロくらいにまでぎゅうぎゅうに押し込んだ究極の高密度星である。これより高密度にしようとすると、もう星は潰れてしまい、ブラックホールになるしかない。星をここまで小さくすると、必然ものすごい速さで自転をすることになる。一番速いものだと一秒間に数十回回るらしい。フィギュアスケートの選手が手足を縮めて行うものすごい速さのスピンを思い描いてほしい。あれを数千倍数万倍、いや数億倍で実行するのである。そんなお化けのような星が、いままで全天に六〇〇〇ほど見つかっている。最初のはちょうど五〇年ほど前に発見されたのだが、その経緯も一風変わっていた。得体の知れない電波のパルスが空からきていて、ETかとさえ疑われた。しまいにこれはスピンする中性子星が、サーチライトのように南北極から発する強力な輻射だと同定されたのである。

中性子星の存在は一九三〇年代にすでに予測されていた。星が年老いて燃焼が弱まると、しまいに自重を支えきれずに大爆発して超新星となる。量子論と一般相対性理論から考えると、その爆発のあとの死骸として残るものに、白色矮星、中性子星、ブラックホールと三種類あるはずだったのである。どれになるかは死ぬ星の重さによってきまり、太陽くらいだと白色矮星に、八倍以上重いと中性子星に、何十倍もあるとブラックホールになる。

一九三二年に発表された予言的な論文で、ヴァルター・バーデとフリッツ・ツヴィッキーはすでに書いていた。超新星爆発で中性子星ができるとき放出されるエネルギー密度にその爆発の頻度を掛けると、我々が地上で観測する宇宙線の強さとほぼ一致する、と。白色矮星を残す爆発は放出エネルギーが小さすぎ、ブラックホールに至る爆発はずっと稀である。つまり我々の浴びている宇宙放射線は、ほぼすべてが星が死んで中性子星になる超新星爆発からきているのだ。仮にこの宇宙線がなければ、宇宙線を起源とするDNAの突然変異もないことになり、おそらく地上の生命のダーウィン的な進化ははるかに緩慢なものとなっていたはずであり、地上に我々がこうして立っていることもなかっただろう。宇宙のどこかで生命が生まれたとしても、一種ウィルス状の始原的なもののままにとどまるにちがいない。

翻って考えてみれば、生命ができるためには、炭素や酸素といった元素が必要である。宇宙のはじまった最初の頃にあったのは水素やヘリウムといった軽い元素ばかりなので、原始の雲から太陽や地球ができたとしても、これでは命は生まれない。星が核反応で燃焼する過程で鉄までの元素はできてきて、星が死ぬと宇宙空間に放出され星間物質となる。これが時を経て再び凝集して第二世代の星や惑星が形成されると、そこで初めて生命の基本素材が揃う。つまり我々の太陽や地球は第一世代の星の死の上に成り立っているのである。ところがさらによく考えてみれば、我々のような高等生物の生存には、微量ながら鉄より重い各種の重金属元素が欠かせない。これはいったいいつどこでできたのだろうか。

実はこの答えも超新星爆発と中性子星生成の過程の中に見つかると考えられる。炭素から鉄までの各種元素が放出される際、あり余る中性子とぶつかってどんどん膨らみ巨大な放射性元素がたくさんできる。そしてそれがベータ崩壊で陽子数の多い重元素となっていくのである。この過程は「元素生成のR過程」とよばれて、星の中で炭素や酸素、硅素や鉄ができる「S過程」と並んで、それ自体は昔からよく知られていた（ここのRとSというよび名は、それぞれ「速い、rapid」と「遅い、slow」からきている）。このR過程に関して、実は長らく解けない問題があったのである。

「真理は細部に宿る」という。現在の宇宙について知り得る限りの情報を出発点にして、超新星爆発の際のR過程でできるはずの重元素たちの量を計算すると、最高の専門家たちが最高のコンピュータを用いていくら計算しても、実際に我々の周りに見いだされるものとは一致しないのである。とくにそれはより重い元素で顕著であって、たとえば金は実際に見いだされる十分の一ほどしかできない勘定になる。ウラニウムに至っては計算上はほぼ皆無なはずである。それなのに我々の周りには、ご存知の通りある程度のウラニウムがあって、これこそが我々人間に、原子核という究極のエネルギーの神秘に迫る鍵を与えたのである。

その謎がどうやら解かれたかもしれないというのが、中性子星の物理学の最新ニュースである。

ドイツの三人の科学者、トーマス・ヤンカ、アンドレアス・バウスヴァイン、カイ・ヘーベラーの三博士は、最近の論文で、中性子星の連星がブラックホールへと崩壊するシナリオの可能性を指摘し、その過程で生成され出てくる超重元素の量を計算評価してみせた。するとこれがみごとに、これまでのR過程の計算では出せなかった、ウラニウムをはじめとする元素の現実の存在比を説明するというのである。この二〇一三年に出たばかりの理論はより詳細な検証が必要で、確立したとするにはまだ時期尚早である。しかし、中性子星が絡むこれまでにない過程がなければ宇宙にウラニウムは存在しないだろうというのは多くの専門家に共有された有力な意見だという。

星は二度死ぬ。超新星爆発で一度死んで中性子星という残骸を残す。そして複数の中性子星がゾンビのようによみがえると、二度目の死出の旅立ちに、ブラックホールへと向かうのだ。

我々がこうして地上にあって知性をもつに至り、科学を発達させてウラニウムの核分裂反応をひき起こすまでに至ったのは、前世に逝ける星々の、一種仏教的な輪廻転生のカルマによるともいえるわけである。

星々の転生は、当然のことながら、いまの「第二世代」の生を超えて宇宙の終焉まで繰り返されるであろう。数十億年の後、我々の太陽や地球が滅し去って、その残滓の星屑が次の世代の太陽や地球となったとき、そこには割合を増した金やプラチナ、ビスマスやウラニウムが見いだされることだろう。そこには、またいまとは異なった宇宙線が降り注いでいるのかもしれない。そしてこの異なった光に包まれた世界の生命は、いまとは違った超重元素たちを活用した、いまよりはるかに高次の知性、徳性をもったものになるかもしれない。

仮にそうだとすれば、そこに人間の生存と人間の科学の発展の究極の意義があるのかもしれない。我々とは何十億年を隔てた別な世の別な星々には、我々や我々の子供たち孫たちが大量につくるであろう超ウラン元素、プルトニウム、カリフォルニウムといったものたちの中で、なにか準安定な元素が、ごく微量ながら含まれていることだろう。そしてそれは別な世の別な生き物たちの発展にとって、なにか決定的な役割を果たさないと、誰が断言できるだろうか。

世に起こり消えるあらゆる業には、輪廻転生を通じて予期せぬ結果がともなうと、古代インドの智者たちは教えている。

降り注ぐ宇宙線によって進化した生物の頂点として、原子核を操作するに至った知的生命体たる我々人間。その人間がいま、エネルギー源を確保するために、また内輪の殺戮のために、自然界には存在しなかった新元素たちを生み出そうとしている。中性子星たちが、その壮絶な死をもってしても生み出せなかったこれら新元素たちこそが、我々がこの宇宙の片隅に生を受けた証であり、今生の尽き果てたはるか後の世への我々の遺産であり、これこそが我々の知的生命体としての宇宙論的使命なのかもしれない。

(2) 存在と虚無

もしディラックの海の真空が粒子と反粒子の対生成の契機を含んでいるのなら、真空とは従来考えられていたような「なにもない空間」ではないであろう。ディラック理論の発展形としての場の量子論では、真空そのものの中に量子的な揺らぎとして、ディラックの海から飛び出した粒子反粒子ペアの影響が混入してくる。真空のただ中に物を置くと、この真空の量子揺らぎの様子が変化し、物のある種の性質が「なにもない真空」におけるものから変更を受ける。

電子スピンは磁気モーメントを生むが、その値には真空の揺らぎからくる「異常磁気モーメント」が含まれている。向かい合って置かれた二枚の無帯電の金属板には、その距離がナノスケールになると、量子揺らぎのもたらす「カシミール効果」から、吸引力や光子の発生が見られるようになる。こうなると量子的世界における真空は、「無」であるというよりは、エーテルのような媒質に隅々まで満たされたものと考えたほうがよいのかもしれない。思えば原子論の祖、デモクリトスが思い描いた真空も、真の意味の「無」ではなかった。彼はその中を原子が動き回る「なにもない空間」を考えたのではあるが、原子を動かす原動力としての霊的ななにかが、その空間には満ちているものと考えたのである。それをデモクリトスは「魂」とも「熱」とも表現している。

この世界にはなにもない「真の真空」は存在しないのだろうか。

宇宙の真空が「場」に満たされているとしたら、その宇宙の「外側」にこそ、真の「無」があるのではないか。そもそもそんな宇宙の外側などというものを、考えることに意味があるのだろうか。

son noti all'Universo e in altri siti!
我が名声は轟いている。宇宙全体と、そしてその他の場所にも！
——ドゥルカマーラ博士（ドニゼッティ『愛の妙薬』）

存在の背後にある舞台としての「無」の認識は、実は近代科学の思想の発祥と深く関わっている。なにもない無限の虚空のただ中に放り出された星々そして我々、というジョルダーノ・ブルーノの詩的ヴィジョンは、それまでの有限に区切られた閉ざされた宇宙という伝統的な宗教的宇宙観を打ち砕き、その後のガリレオ、ニュートンの古典力学の発展の思想的地ならしとなった。

現代宇宙論はビッグバンについて、急膨張した宇宙について語っている。小さな閉ざされた空間としての宇宙が、量子効果で急速に拡大したというのである。この宇宙の外にはなにがあるのだろうか。この宇宙自体は「どこに置かれている」のであろうか。小さかろうが巨大であろうが、この閉ざされた四次元空間、もしくは超弦理論を信ずるならば閉ざされた一一次元は、いったいどのような空間の中に位置を占めているのだろうか。我々の閉じた宇宙を語るということは、それ自体がすでに、宇宙を包むなんらかの空間を想定していることを意味している。これを空間とよぶことができるのかどうかさえわからない。おそらくは次元もなければなんの性質もないこのものについては、現代の物理学の言語では語ることができない。

我々の宇宙空間の真空が「無」ではあり得ないにしても、この宇宙の背後にある「語り得ぬもの」こそが、「無」としての真の真空なのであろう。

Es gibt allerdings Unaussprechliches. Dies zeigt sich, es ist das Mystische.

もちろん言い表せないものが存在する。それは自らを示す。それは神秘である。

ウィトゲンシュタインの言葉である。

しかしそうなのであろうか。宇宙を包む、語り得ぬ無としての空間について、それでも科学がなにかを示唆することができるのだろうか。時間と空間のもっと先にある根源的な存在から宇宙全体を説明しようとする試みがないわけではない。ペンローズの「ツイスター理論」、アシュテカーの時空の計量を量子的に扱う試みにはじまる「ループ重力理論」、ロルとアンビョルンの「因果的動的三角分割理論」。素粒子物理学に集まった世界の最精鋭の頭脳たちによる、これらの野心的な未完の理論との格闘は現在でも続いている。時空は「無」からいかにして生まれてくるのか。ある人は、無の中から量子揺らぎによって発生する微小な宇宙と反宇宙のペアについて語っている。また別な人は、この無のただ中に浮かんでいる無数の宇宙と、その宇宙の中で消滅するブラックホールについて語っている。どこかの宇宙のブラックホールが死ぬたびに、無の中に新たな宇宙が生成するというのである。

もちろんここから先は科学ではなく、単なる思弁、夢想の類いと考える他はない。筆者のもっとも気に入っている夢想はリー・スモーリンの幻想的な進化論的宇宙観である。それはこういうものである。

我々の宇宙では、数分に一個くらいの割合で星が死んでブラックホールになるのだが、ウィーラーやソーンの考えでは、ブラックホールが死ぬたびに、時空の果てのどこかでホワイトホールが新しい宇宙を生成するという。こうして生成された新宇宙の物理法則は、基本はそれを生み出す元のブラックホールのあった宇宙のものを踏襲するのだが、ホワイトホールの宇宙生成時の微妙な量子的な揺らぎが、法則の微細な変更をもたらし得るとされている。逆自乗力の指数がマイナス2からわずかにずれていたり、電子と陽子の質量がわずかに違ったり、相対性理論の宇宙項がゼロだったのが少し正になったり、という具合である。そのような少しずつ法則や物理定数や物質の組成の異なる宇宙が無数に生まれるのである。

ある種の宇宙はすぐ死に絶える。ある種のうまい配合の宇宙は長生きして、たくさんの星、たくさんのブラックホールを生む。するとその宇宙には自分に似た性質の「子供宇宙」が増えることになる。こういう過程を何兆年かけて何世代も繰り返すと、長生きで多彩で、たくさんの星やブラックホールに満ちた宇宙のみが、「適者生存」の過程で残ってくる。我々の宇宙はそのようにして残ったものであって、それだからこそここでは、物理法則や自然の定数が、ちょうど絶妙の配合になっていて、我々の宇宙はこんなにも豊穣でこんなにも美しいのだ。

スモーリン自身は、この一種のダーウィン的な宇宙論を、科学的検証にかける方法があると考えているようである。多くの科学者はこの検証可能性を疑っている。筆者にとってはむしろ、宇宙の背後にあってなんの性質ももたずなにも生み出さない真空、すなわち「無」をもつ点が、やはりこの宇宙論のもっとも魅力的な点である。

21　量子カオスの夢

(1)　カオスと量子カオス

二〇世紀後半に世を騒がせた物理学の考え方に「カオス理論」がある。カオス理論は次のような疑問から出発する。

＊　なぜ明日の天気は高確度で予測できるのに、週間天気予報は当たらないのか。

＊　なぜ月や火星や金星の位置は完璧に予測できるのに、彗星の到来の予測はできないのか。

明日の天気が予言できるということは、天気を予測するためのよい理論と観測が存在することを示している。惑星や衛星の位置の予言が正確だということは、天体の運動の法則がわかっていて、天体の現在の状態の情報も十分あるということである。十分正確な理論や計算式が存在しており、十分な現在の情報があるにもかかわらず、その理論の範囲内のある種の現象が予測できない、ということがままある。

その場合、まずは「カオス」の存在を疑ってみるべきである。

物理学でいうカオス現象とは、またの名を「決定論的予測不能性」または「決定論的乱雑性」といい、既知の方程式に従う原理的には予言可能な事象が、ごく微細なエラーの混入や不定性のために、まったく予言不可能な発展をする現象のことである。

カオス現象の鍵となる概念が「リアプノフ指数」である。この数が正であるとき、ある状態から出発するのと、それからごく微細にずれた状態から出発するのとで、その後の時間の状態が、時間が進むにつれ、天と地ほども大きくずれてくる。そのために最初の状態を無限の制度で決めでもしない限り、時間が経てば経つほどどこに行き着くかが実質予言不可能になるのである。偶然路傍の石に躓いて靴ひもを直したために飛行機に遅れ、その飛行機が墜落事故にあって九死に一生を得た、というのを考えてもよいし、スロットマシンのレバーを引くときの目に見えぬ微細な違いが、一〇〇〇円を掏るか一〇億円のジャックポットを当てるか、の違いにつながるといった例を考えるのもよいだろう。

なにかの時間発展を支配する法則が知られていて、将来が原理的に予測可能なはずの場合でも、リアプノフ指数が正の場合、実際上はなにが起こるのかは不明となるのである。決定論的ランダムとはその謂いである。

一方逆にランダムさとはいっても、ただの偶然の支配する完全なランダムさとは異なり、カオス的現象では往々、たくさんの事象を集めてくると、全体から不思議なパターンが浮かび上がってくる。そのような規則と不規則の玄妙に混じり合ったパターンが「フラクタル」あるいは「マンデルブロー集合」

といわれるものである。海岸線や雲の形、広重の描く海の波の波頭などがフラクタルの例である。カオスが起こるのは、現象を支配する方程式が「非可積分」で「非線形」という性質をもっている場合に限る。しかし世のほとんどの現象を支配する方程式は非可積分かつ非線形であって、そのためカオスはどこにでも現れ得る。航空力学の乱流の研究から、証券市場の上り下がりの研究、生物のつくり出すパターンの研究まで、世の複雑な現象の数理的な研究にあって、カオスはその根幹をなす概念の一つとなっている。

二〇世紀も終盤の一九八〇年代の半ば、カオスが量子力学にあってどのように発現するかが、一群の物理学者の注目を集めた。

本来のカオス研究にあって、扱う方程式はすべて古典物理学の法則であって、量子論は視野に入っていなかった。その大きな理由は、波動関数の従うシュレーディンガー方程式が線形方程式であるという事実である。古典的にはどのような複雑な非線形方程式に従う物理系でも、いちど量子論に焼き直すと、その非線形性は、波動関数の線形的な発展の陰に隠れてしまう。しかしよく調べてみると、微視的世界にも奇妙なパターンの発生が人びとの目にとまった。波動関数の空間的なパターンに、量子固有値の分布のパターンに、ずっと控えめで隠微な形ではあっても、カオス系に限って現れるらしい特徴が、だんだんと明らかになってきた。「量子カオス」の研究がはじまったのである。

中心概念に浮上してきたのが「乱数行列」、または英語のままのよび名で「ランダム・マトリクス」というものである。

乱数行列とは各要素に乱数から生成される数を入れた行列である。つまりでたらめに選んだ数を入れて行列をつくるのである。話は原子核の構造が解明されはじめた一九五〇年代に遡る。重い金属の原子核を考えると、それは一〇〇に近い数の多くの陽子と中性子が集まって、非常に複雑な運動をしている。そのような原子核のエネルギー固有値を、個々に正確に計算することは当時の計算技術ではまったく不可能に近かった。このような困難にあって活路を開いたのは、ハンガリー出身の数学者にして理論物理学者E・P・ウィグナーであった。彼が考えたのは、複雑な原子核は複雑だという性質それ自身に基づく一般的な共通性をもつだろう、という推測であった。

量子系の状態はエルミートな行列で表されるのだが、複雑な量子系ではその行列は、複雑な規則に基づいて計算される数を、行列要素としてもつだろう。それはまるで、でたらめな数を行列要素として入れた行列のように見えるだろう。そのようなランダムにつくられた行列に共通の特徴はないだろうか。ウィグナーはすぐに、その答えが行列の固有値の統計的性質にこそ見いだされるべきだということに気づいた。そして次のことを証明した。

でたらめな数を要素としてもつエルミート行列を、対角化して得た固有値について、隣り合うもの同士の差をとり、その差の頻度分布をとると、それはいまでは「ウィグナー分布」として知られている特定の関数の形をしている。ウィグナー分布をする固有値列では、二つがあまりくっついたものや離れたものはほとんどなく、等間隔に近く並んでいるものが多い。そして実際、実験的に得られた重い原子核のエネルギー固有値について、隣り合うもの同士の差の分布を見ると、それがどれもウィグナー分布と統計精度内でぴったり一致したのである。それに対してもっと単純な水素、ヘリウムやリチウムといった原子核について、エネルギー固有値を並べて隣接するものの差の頻度分布をとると、まったく違った「ポアソン分布」というものになる。これは隣同士のエネルギー準位がすぐくっついている頻度が多く、離れるほどに頻度が指数的に下がってくる、そんな分布であった。

時は流れて一九八〇年代、パリの原子核研究所にいたカタルニア人の研究者、オリオル・ボヒガスはシナイ・ビリヤードという物理系の量子力学を数学的に調べていた。これは長方形の二次元空間の中に日輪状の障害物が置かれていて、その中を量子力学的な粒子が運動する、という至極単純なものであった。ボヒガスはこの単純な系の固有エネルギースペクトルを何百本も計算して、その隣接順位間の差の分布をとると、それがウィグナー分布をとるという事実を見つけて、欣喜雀躍していた。なぜこんな単純な量子系が、複雑な系に特徴的なはずのウィグナー分布を示すのだろうか。それはシナイ・ビリヤードがカオス系だからにちがいない、とボヒガスは考えた。

シナイ・ビリヤード中の古典的な粒子の運動を考えると、一見した単純さとは裏腹に、中心の円形の壁と周りの四角形の壁との齟齬によってリアプノフ指数が正の運動を示すことが、だいぶ昔にロシアの数学者ヤコフ・シナイによって証明されていたのである。系の単純さ複雑さが問題なのではなく、古典力学的な運動でリアプノフ指数が正のカオス運動かゼロか負の非カオス的運動かどうかが、量子系にしたときのエネルギー準位の並び方の特徴にウィグナー分布とポアソン分布の差として表れるのではないのか、ボヒガスはこう考えたのである。

世界各所で突然のように、あらゆる種類のカオス系の量子力学的な計算がはじまった。ボヒガスの予想は裏書きされた。量子系でのエネルギー固有値の並び方の統計分布の特徴を決めるのは、系の見かけ上の単純さ複雑さではなく、対応する古典系でのカオスの存在の有無だったのである。つまり、カオスをもつ古典系は、量子系として考えたときの固有エネルギースペクトルが、乱数行列から得られる固有エネルギースペクトルとまったく同じ特徴をもっているらしいのである。

ほぼ同じ頃、イスラエルのヴァイツマン研究所にいたウージー・スミランスキーがカオス的散乱の量子論の研究を行っていた。カオス的散乱というのは、たとえば分子などに電子を一度打ち込んで、反射された電子がどのように出てくるかを見たとき、打ち込む電子の速度をほんの少し変えたり、打ち込む角度をごく微小に変えただけで、電子の出てくる角度がまったく変わってしまう現象のことである。カオス的散乱があるときは、入射速度の関数としての反射角をグラフにすると、そこに非連続なフラクタルが現れる。スミランスキーは、このようなカオス的散乱を量子論的に扱うことを考えた。するとそこで見られたのは、フラクタルでこそないが、入射エネルギーに応じて複雑に変化する散乱断面積（透過する粒子に対する総散乱量の指標）であった。そしてそのパターンの統計的性質を調べると、それがまるで乱数行列で表される抽象的な分子からくるものとまったく区別がつかないことを見つけたのである。

結論として次の予想が、圧倒的な状況証拠をもってなされたことになる。すなわち、カオス系での複雑で一見ランダムに変化するように見える系の力学は、対応する量子力学では乱数行列で記述される。つまり乱数行列こそカオスの量子論を与えるものである。

実はこの予想を数学的に厳密に証明すること自体が、大変困難な課題であった。そしてそれが、その後しばらくのあいだの量子カオス研究の中心課題とさえなった。その完全な証明自体は二一世紀を待たなければならなかったが、カオス系の量子論が乱数行列で表されるだろうという大枠はあらゆる人に受け入れられた。カオス系の固有エネルギー・スペクトルや波動関数の特徴のあらゆる統計的性質が、カオス的散乱のあらゆる統計的性質が、すべて乱数行列の理論で理解され整理された。一九九〇年代には量子カオスの研究は一段落を迎えた、とだれもが考えた。

そのころ、英国のマイケル・ベリーをはじめ幾人かの人が、妙なことに気がついた。それは量子ともカオスとも一見なんの関係もない、純粋数学の王道たる整数論に関することであった。2、3、5、7、11、13、17、19、23、29、31、37、……。

素数がすべての数の中にどう分布しているのか、これは数学がはじまって以来の人類最大の知的課題のひとつである。素数の分布は現代のインターネット社会のセキュリティの根幹にも関わっている。巨大な桁数の素数が、最強の実用暗号RSAの（文字通りの）鍵となっているからである。

この素数の分布を特徴づけるものが、リーマンのゼータ関数である。これはすべての素数を含むある逆冪積関数である。このゼータ関数について「リーマン予想」が証明されれば、それは「素数の分布はなんの偏りも特徴もない純粋の乱雑さで特徴づけられる」という言明が、綺麗に表現されたことになる。リーマン予想とは、リーマンのゼータ関数の零点がすべて、複素平面上で虚軸に平行な直線上に並んでいる、という推定である。リーマン予想の証明は四色問題やフェルマーの最終定理と並ぶ世紀の難問で、他の二つが解決したいまも、だれにも解けていない。

量子系の固有値と固有関数から「グリーン関数」とよばれる関数をつくることができる。これは量子系の空間的発展を特徴づけるものとして、よく知られた標準的な関数であった。ベリーたちが気づいたのは、乱数行列からグリーン関数をつくると、それが素数からつくったリーマン関数にそっくりだった事実である。その零点が複素平面上に一直線に並ぶだけではなく、その一直線上の分布の統計的性質までまったく同じなのである。実はグリーン関数の零点が一直線上に並ぶのは、それが量子系では必ず満たされる「自己共役性」をもった行列の固有値からつくられている点だけから導ける、まったく自明な事実なのである。

そこでベリーに閃いたのが次のアイデアであった。いま仮にある量子力学系があって、その固有値と固有関数からつくるグリーン関数が、素数からつくるリーマンのゼータ関数と完全に一致することが示せたとする。するとそれは、その量子力学系の「自己共役性」から考えて、リーマン予想の証明に他ならないではないか。そのような量子系は、間違いなくカオス的な量子系であろう。なぜならそれは乱数行列からでる固有値や固有関数と同じ統計的性質をもっているはずだから。

どこかにそのような特徴をもった秘密の量子系が眠っているはずで、それを探し出しさえすれば、素数の秘密を解明できるのだ！　こうして量子カオスの研究に新しい夢が生まれた。「量子カオス論の聖杯」というのがベリーの表現である。

それから二〇年近くが経過した。聖杯はまだ見つかっていない。

（2） 貝殻聴音機

時は二〇一二年九月、一月余の学会巡りの掉尾に、筆者は横浜で開かれていた日本物理学会の特別セッションの会場にあった。主題は「乱数行列」であった。満場の聴衆が静まり返ると、NTTの丹羽健太博士による「ズームアップマイク」についての話がはじまった。このいささか秘儀的な主題のシンポジウムにあって、「厳密解の数理」「スピングラス」「素粒子のゲージ理論」といった話題が主流な中、わかりやすい音響学からの話題は、それだけですでに異彩を放っていた。

互いに近接して並んだ複数の話者が、測定者から遠く離れた地点にいる場合、各話者の発言を聞き分ける採音装置をつくりたい、というのが問題設定である。直球のアプローチはもちろん、指向性の非常に強いマイクを少しずつ位置や方向をずらしてたくさん並べる、というものであろう。しかし区別すべき二名の話者を見る差角が極小になると、実際にはこれはすぐに困難になる。そもそもマイクにあっては幅広い周波数特性と指向性は相補的なので、鋭い指向性といってもそこには自ずと原理的限界がある。

丹羽の研究グループの独創的なアプローチはこうである。音源からくる音を不定形の壺にいちど導き入れる。そして内壁に張り巡らせた多くのマイクによって、不定形の壁面の反射によって壺の内部にできあがった、複雑な音場パターン全体を捉えるのである。

直感的には少しわかりづらいのだが、こうして不定形の内部空間に入射した音波のつくる音場は、入射位置や入射角を微小に変えるだけで驚くほど大きなパターンの変化を示す。そのため非常に遠方の微小に離れた音源からの音が、まったく異なった音場パターンとして容易に判別可能となるのである。あとは装置の内部のコンピュータに、十分な数のパターンを憶えさせておけばよい。どの位置の音源からどのような信号がきたかを、逆算から定めることができるわけである。つまり単音源からくる単純な音場を、不定形の反射板で背景雑音のようなものに変えることで、単音源の位置情報を通常ではできない精度で特定しているのである。

技術的にいえば、これはある行列を求めることに相当し、この行列はそれにN個の位置にある音源の発する信号のつくるヴェクトルを掛けると、不定形の壺の中のN本のマイクで採音した信号のつくるN次元のヴェクトルになる、という性質をもたせればよい。このような性質をもつ$N \times N$次元の正方行列は、量子カオス研究家なら誰でも知っている通り、まさに乱数行列に他ならない。乱数行列を与える反射パターンをつくり出すのに、壺の形はそんなに奇妙な不定形でなくとも、「非可積分」という性質をもっていれば足りるのは量子カオス的ビリヤードの研究から周知の事実である。要は球や正立方体といった非常に高い対称性を避けさえすればよいのである。丹羽グループの「ズームアップマイク」でも壺の形は上から見て正八角形、横から見て形の崩れた六角形となっている。量子カオスは波動に反映されたカオスである。類似の現象は音波や水の波といった古典的な波動にあっても観察することができるだろう。ズームアップマイクはいわば「応用量子カオス」としての聴音機である。

丹羽健太博士提供

講演会場の大スクリーンで「ズームアップマイク」実演のヴィデオ映写がはじまった。ガラス張りのビルの吹き抜けの大空間の片隅に、高さ幅奥行ともに一メートル位の「ズームアップマイク」が置かれている。大柱の向こう二五メートルほど先、一階と中二階に分かれて固まって並んだ数人の紳士がそれぞれ別なことをしゃべり続けて、もちろんだれがなにをいってるかもわからない。操作者が「ズームアップマイク」をオンにしてタッチパネルのモニタ上に映った個々の紳士の映像に触れる。すると彼の発話だけがくっきりと、他の人の雑音から浮き出て聞こえてきた。会場は嘆息に満ち、ついで盛大な拍手に包まれた。

講演も終わり会場から潮が引くように聴衆が去っていくのを眺めていてふと思った。そういえば我々の耳もやはり不定形の祠をもっていて、その内側で聴神経が集音しているではないか。おまけに不思議な貝の形の集音器までついている。ひょっとすると我々自身にも「ズームアップマイク」に類似の機能が備わっているのではないのだろうか。二五メートル先は無理でも少々の距離の複数の話者の中から親しい人の声を聞き分ける能力は誰しももっている。十人の臣下からの同時の報告を聞き分けた聖徳太子。八重奏曲を聴くなりすぐに一音も違わず採譜したモーツアルト。きっと彼らは、とりわけすぐれた形の内耳の祠に恵まれていたのにちがいない。

まだ会場に丹羽博士がいるのを見つけたので、質問をぶつけてみた。「人間の耳も調べて考えました。それとまた、人が音を聞くときの壁や周りの環境からの反射音の重要性も考えました。様々な反射音でできたバックグラウンドノイズがあってこそ、音はより意味深く生きてくるのでしょう。我々の仕事では無音室をよく使うのですが、反射音のない乾いた世界に長くいると気が狂いそうになるものなんです」と丹羽博士は語った。

宿へ戻る道すがら、港大路の人びとのさんざめきの中を、夕日の茜に染まった路面電車がゴトゴトと横切っていく。長旅の疲れ、もしくは時差惚けからくるらしい妄想にとらわれた。我々の遠い先祖が、人間になるはるか以前の不思議な姿で、顔の横に穿たれた小さな洞窟状の耳を澄まして、朝露の滴り、蝶々の翅音、森のささやき、川魚の跳ね音、獣の足音を聞き分けている。遠くに絶え間ない波音が聞こえる。

Mon oreille est un coquillage
Qui aime le bruit de la mer.
(Jean Cocteau)
私の耳は貝の殻
海の響きを懐かしむ
(堀口大學訳)

旅の最終日であった。土佐に戻ったら興津の海に行ってみようと思った。

22　生命活動の量子論

（1）量子の薫り

人間の視覚が量子力学をもってしか理解できないというのは、昔からよく知られたことであった。我々が夜空を見上げると、瞬時に星々が目に入ってくる。これは光が光子という粒子の性質をもつからである。我々の目は光の粒子一つ一つの入射に感応する。もし光が量子論的でない単なる波であったら、星々からきた微弱な光が視神経の反応強度に達するまでには、秒に近い時間がかかるだろう。

視覚は古株の「量子生物学」である。生物現象の中で、量子的効果が本質的に重要な役割を果たしているものの研究を、この Quantum Biology の名でよぶのが最近の潮流なのである。

量子生物学の話題でいまもっとも注目に値するのは、おそらくは嗅覚であろう。生物学的にいえば、匂いの研究はすでに完成した分野と見なされている。それはリンダ・バック、リチャード・アクセル両博士の成し遂げた画期的研究、「香りの受容体」の同定とその機能の解明が、二〇〇四年のノーベル医学生理学賞によって称揚されていることを見てもわかる。人間には三〇〇ほどの、マウスには一〇〇〇ほどの匂いの受容体があり、どれがどういう組み合わせで脳に信号を送ったかで、なんの匂いを感ずるかを決めていたのである。アルコールはあれとこれとそれの受容体に検知されアルコールの匂いを生み、スカトールは別なあれとこれとそれとあっちとこっちの受容体に検知されてスカトールの匂いを生む、といった具合である。

問題は、なぜどのようにして、ある特定の物質がある特定の臭覚受容体に受容されるのか、という具体的なメカニズムが未解明なことである。生理学者の多数意見は、特定物質の受容は、分子の立体構造と受容体の立体構造のマッチングだとするものであった。鍵と鍵穴のように、形の合った匂い物質が受容体に収まったとき、匂いの信号が嗅覚神経を伝わるという考え方である。

ところがこれでは説明できない現象が多くある。非常に似た立体構造の化学物質でまったく異なる臭気と感じられるものが多数ある。また一方で、まったく異なった立体構造をしているのに、そっくりな匂いと感じられる化学分子の例にも事欠かない。一番はっきりした例はアイソトープ異臭体である。たとえばある匂い物質の分子を構成している水素原子を重水素原子で置き換える。重水素というのは化学的性質がまったく同じで重さが二倍違う水素原子である。水素が重水素に置き換わっても、匂い分子全体の形も化学的性質もほとんど変化しない。それなのに多くの場合、非常に異なった匂いになるのである。

そもそもたった三〇〇ほどの形の特徴で、匂い分子の分類ができるのだろうか。

匂い物質の立体構造でない、なにか別の性質が、嗅覚に決定的な役割を果たしているのではないか。多くの人の疑問に答える具体的な異説を、昔から唱えていたのがレバノン生まれのイギリス人、ルーカ・テューリンである。テューリンの不思議な経歴は、いろいろな場所で話の種になっているので、ここでは詳しくは触れない。香水業界の内情に通じており、『香りの愉しみ、匂いの秘密』のベストセラー作家であり、上司の研究不正疑惑の暴露でフランス国立研究所の職を追われるなど、とにかくなにかと華やかなお騒がせ人生である。

テューリンはいう。我々は量子の鼻をもっている、と。テューリン嗅覚理論によれば、嗅覚受容体が検知しているのは、化学物質の形であるというよりも、その量子的な振動スペクトルなのである。あらゆる物と同様、分子も振動する。振動の仕方は分子の立体構造にもよるが、分子を構成する個々の原子の重さにもよる。分子は量子力学的な存在なので、その振動は基底エネルギーの上に立つ、とびとびの励起エネルギーとして表現される。分子を外部から刺激すると、この固有エネルギーと基底エネルギーの差に、ぴったり一致したエネルギーを外から加えたときにのみ、分子はエネルギーを吸収して、励起状態に移行する。

この励起状態のエネルギーは、分子の構造に非常に微妙に依存する。構造がそっくりでもまったく異なった励起エネルギーの匂い分子もあれば、構造がまったく異なるのに励起状態のどれかへの励起エネルギーがほぼ同じ二つの匂い分子も存在する。アイソトープ異性体は通例、同じ化学物質でありながら量子振動の励起エネルギーがまったく異なる。

匂いの違いが化学物質の振動の違いによるという説自身は、大昔からいろいろな人によって唱えられていた。チューリン理論の秀でた点は、その振動エネルギーの嗅覚受容体による具体的な検知方法のモデルの提案である。

その骨子はエキゾティックな量子現象、「非弾性量子トンネリング」である。シナリオはこうである。嗅覚受容体の先端には七つのパイプ状の手が出ていて、ここに匂い分子が嵌る。するとどれかの手から別などれかの手に向かって、匂い分子を伝って電子が流れる。一般に分子は絶縁体なので、電子にとっては壁であり、普通の方法では電流は流れない。量子トンネリング効果で、いわば一方の手から消えて他方の手にすり抜けてくるのだ。このトンネリングによる電子の流れは微小である。一方の手と他方の手の間に電位差があると、電子のトンネリングの流れは普通はさらに小さくなる。ところが例外があって、この電位差のエネルギーが、間に挟まった匂い分子の励起エネルギーと一致したときに限って、流れがとても大きくなる。トンネルする過程で電子が電位差分だけエネルギーを失って、それがちょうど匂い分子を基底状態から励起状態に移行させるとき、マッチング効果で量子トンネリングが特別に増大する「非弾性トンネリング共鳴効果」があるのだ。人間の三〇〇種類の受容体それぞれにある七つの手は、受容体の種類ごとにそれぞれ異なった電位差にチューニングされていて、ある特定の振動励起エネルギーをもった匂い分子が嵌ったときにだけ、強いトンネリング電子の流れが起こり、その結果その受容体が発火する、というわけである。

このテューリン説はいまだ直接的な実験的検証をもたない。しかしこの長らく異端視されていた嗅覚理論に、最近多くの状況証拠が出はじめてきた。

その一つは高根慎也、ジョン・ミッチェルによる匂い物質の性質の統計的研究である。それによると分子の諸性質のうち、統計的に匂いと相関のもっとも強かったのが振動の量子励起エネルギーの値であった。テューリン説への支援は物理学のトップジャーナルとされる『フィジカル・レヴュー・レターズ』誌にも現れた。二〇〇七年の論文でストーンハムのグループは、生理学的に解明された嗅覚細胞の知られた物理的性質をすべて用いて、テューリン理論の実際的成立可能性の検証を行った。そこで示されたのは、実際の嗅覚受容体において、匂い分子に典型的な赤外領域の振動励起エネルギー領域で、非弾性トンネリングが十分な強度で起こり得ることであった。そしてそれは、受容細胞中の熱雑音の中でも検知し得る強度に達しているという、定量的な評価であった。

今後の研究でテューリン理論が実証されるか否定されるか、状況はいまだ流動的である。しかし仮に、テューリンのトンネリング電子嗅覚理論が確立したならば、それは「量子生物学」の一里塚となるであろう。そしてそれは生命の中での生理現象全般への、量子力学の視点からの見直しへと発展するかもしれない。

もしテューリン理論が最終的に実験で否定されたとしたらどうだろう。

その場合でも我々には有益な道が残されている。それはテューリン理論に範をとった「人造の鼻」の製造である。つまり非弾性トンネリング現象に基づいて、匂い分子を分別する検査機器をつくればよいではないか。その機器は匂い分子に限らず、あらゆる分子をその振動励起エネルギーで判別できるだろう。

実はそのような技術はすでに存在する。非弾性電子トンネル分光法（Inelastic Electron Tunneling Spectroscopy: IETS）とよばれるのがそれである。トンネリング電子顕微鏡の針と対面電極の間に物質を入れる。対面電極に負の電位をかけ、その電位を変化させていく。針との電位差が間に挟んだ物質の分子の振動励起順位と同じになった場所で、トンネリングの共鳴による増大が見られるのである。仮にテューリン理論が否定されたならば、ＩＥＴＳはバイオミメティクス、すなわち生物に範をとった技術の探究が、生物本体に存在しないままに行われた例として、歴史に残るかもしれない。

（2）絶対磁感

絶対音感がある人がいるように、動物の中には絶対方向感覚をもったものがある。長距離を移動する渡り鳥のような動物には、おそらくこれは必須だろうが、どうやら昆虫にもこの感覚をもつものがいるという。ショウジョウバエやゴキブリがなぜかそうらしい。

この絶対方向感覚は磁場の検知に基づいて行われている。

地上で東西南北という方向をつくり出しているのは地球の自転と公転であるが、さいわいこの二つはほぼ同じ軸を巡っているので、どちらをもとにしても矛盾はない。地球の自転は磁場を生み出し、晴れても曇っても、昼でも夜でも、この地磁気はけっして消えることのない方向の指針を与える。生物の絶対方向感覚が磁場の検知に基づくのは合理的なことなのである。

余談だが、天王星のように自転軸と公転軸が大幅に異なる星では、磁場の北極南極はこのどちらとも異なった第三の軸上にあるという。もしこんな星に文明があったら、そこではきっと方向を表す言葉や概念が異様に発達しており、またたぶん神聖な方位をめぐる宗教対立が凄まじいのではないだろうか。

生物の磁場検知については、イリノイ大学のクラウス・シュルテンが、すでに七〇年代から「鳥類眼中磁気検知タンパク質説」を唱えてこの分野を先導していた。ここ数年の進歩で、この磁気検知タンパク質の量子化学的メカニズムが、ついに解明寸前にまできたようである。

生物は、地球の自転のつくり出す磁力線を、電子の自転（スピン状態）の量子効果を用いて検知していたのだ。

鍵となるのが青色の光に反応するタンパク質「クリプトクロム」である。これはもともと植物で見つかった物質で、花の芽の生長などとともに、植物の日時計の調整に深く関わるタンパク質である。シュルテン研究室では鳥の目の中に見つかったクリプトクロムに早くから注目して、このタンパク質の中で磁場の方向に応じて変わる未知の生化学反応が起きていると推測していた。それによって、鳥の目が磁力線にそっているかどうかで、鳥の視界の風光に変化が出るのではないか、というのである。

つまり鳥には磁場が「見える」のである。

青い光を遮断したり、目の中にクリプトクロムのないショウジョウバエの変異種をつくったり、磁場を乱したりという実験で、磁気コンパスの実体が、青い光を受けたときの目の中のクリプトクロムであるということは、ここ五年ほどで完全に確立したと考えられている。そして二〇一一年、量子情報の若き獅子王ヴラツコ・ヴェドラル率いるオクスフォード大学とシンガポール国立大学の合同チームが、磁場のある環境でのクリプトクロムの青色光受容性についての量子力学的な計算を行った。そして予想通り、タンパク質分子が磁力線に沿って置かれた場合と、垂直に置かれた場合で、青色光受容の際に励起する二つの電子のペアのスピン状態に差が生まれ、受容エネルギーにも差がもたらされるという結果を得たのだ。それで視覚神経細胞への信号にも変化が出ることになる。

詰めるべき詳細はまだ山のようにあるが、大きなシナリオの完成まで、あとは生物物理学的な実験による検証を待つばかりである。結局どうやら鳥たちは、地球の磁場の向きをタンパク質分子の量子磁場センサーで測って、それを視界の中のメーターから読み取れるらしい。磁場を介しての幾兆倍のスケールにわたる地球と分子とそして生命との交感。驚くべき自然の創造、進化の摂理である。

哺乳類は磁気センサータンパク質をもたないようである。しかし本当にそうだろうか。台湾からハワイ、そしてタヒチにまで達した古代ポリネシア人、いにしえの大西洋の覇者ヴィーキング。羅針盤ももたずカヌーだけで大洋を征した、これら偉大な海洋民族の身体のどこかに、感磁向性クリプトクロムはなかったのだろうか。海風うけて出航する遠洋船の漁師の高鳴る胸、次の任地へ向かおうと空港ロビーで飛行機を待つ若きポスドクの

不安と野心。彼ら謡われることもない現代の冒険者たちの血潮の中にも、生ける物を旅へと誘うクリプトクロムの遺伝子が、密かに眠っているのかもしれない。

だれか鳥の目をまねしたバイオマグネトセンサー付き磁力線方向判別眼鏡でもつくるのはどうだろう。ふた昔も前の景気のいい時代なら、面白がってみなが買ったかもしれない。でもきっといまはあまり売れない。悲しいことだがいま売れるのは、ガンマ線検知眼鏡だろう。

生命活動の基本である細胞の成り立ちや働きの各所で、不可欠な要素として量子力学的効果が現れるのは、これまでも知られていた。細胞の駆動力をもたらす分子モーターから、神経細胞中の電気信号伝達を司る化学反応まで、細胞は文字通り量子力学的な機構に支えられて生きているのである。いまはまだ知られていない生物の驚くべき能力の発見が今後もまだ続いて、それと量子力学との関連が議題に上るであろうことだけは、まず間違いない。

23　量子ゲーム理論

量子力学的な粒子が複数あるときに生じ得る量子もつれは、古典力学的には記述不可能な、微視的世界特有の現象である。強いてそれを古典的に説明しようとすると、どうしても理論のどこにも表立って登場しない、粒子間の秘密の通信のようなものを、もち出す以外になさそうに見える。

量子力学を確率理論のある種の拡張とみなすこともできて、そこで量子力学に独特なのは、「連結事象の非分解性」という特徴である。これは二つの事柄AとBが同時に起こる確率が、それぞれA単独、B単独で起こる確率の積になるとは限らないという意味である。これはもちろん、もともと独立事象だったはずのAとBの生起が量子にもつれ得ることに起因している。

さて我々の周りを見渡すと、一見相互に独立して見えて、通常別々に扱われる二つの事象の間に、なにか微妙な連関があって、事が思いの外の展開を示すのはけっして稀なことではない。たとえば二人の人間の間の心理的な出来事などにそれは顕著である。二人の間の意図の読み合い、いわくいいがたい心理的なもつれ、といったものが働くからである。こうした状況を、ある程度定量的に記述する数学的言語として、量子力学をもち出すことも可能なのではないか。こう考えてはじまったのが「量子ゲーム理論」であり、「量子意思決定論」である。

本題に入る前に、まずは量子もつれと、少し前に扱った粒子の同一性の関係について触れておきたい。同一粒子が多数集まったときの区別不可能性を保証するメカニズムは、実は量子もつれの一種なのである。

同一種類の二つの粒子1と2があって、状態AとBを占めているとする。この二粒子の系では、粒子1が状態Aをとり粒子2が状態Bをとっている状態と、粒子1が状態Bをとり粒子2が状態Aをとっている状態が、つねに均等に混合して存在していて、どっちが粒子1でどっちが2かという区別が不可能になっている。粒子1の状態は粒子2の状態を確定した場合としない場合で異なり、逆にまた粒子2の状態については粒子1の状態を決めないとなにもいえない。つまり二つの粒子はもつれ状態にあると考えられる。

ただしこれが普通の量子もつれと異なるのは、粒子1も2も確定した状態として観測することが不可能なことである。同一の二粒子はどちらか一方を観測するということができず、観測後もつねに同一である。同一粒子の量子もつれは観測によってもけっして解けない。つまり同一種類の粒子系の同一性は、「けっして観測で解けない量子もつれ状態」が維持保証しているともいえる。

さてここで唐突に、粒子1と粒子2を、なにかしら自分の意志をもったロボットだと考えてみよう。

そして粒子1は状態AとBとを比べて、自分にとって得になるほうを選択する。粒子2も同様であるとしてみるのだ。ただしどっちがどれだけ得かは、相手の選択にも依存すると考える。具体的にするために次のような表を考えてみる。これは各々が状態AとBを選んだときに得る「得点」を表していて、その得点は相手の選択にもよるようになっている。どうも二人がなにか一種のゲームをやっているようだ。

粒子1＼粒子2	A	B
A	3 ＼ 3	0 ＼ 5
B	5 ＼ 0	1 ＼ 1

このとき粒子1、2は結局どういう選択をするだろうか。

もし粒子1と粒子2が量子もつれ状態になければ、話は簡単である。粒子1の選択を考えるのだが、まずは粒子2が状態Aを選ぶと仮定して自分の得点を考える。表の一列目である。この場合、粒子1はより得点の高い状態Bを選ぶだろう。ついで粒子2が状態Bを選ぶと仮定して粒子1は改めて自分の得点を考える。表の二列目である。この場合も粒子1はより得点の高い状態Bを選ぶだろう。結局粒子2の選択にかかわらず、粒子1は状態Bを選ぶと結論される。ついで粒子2について考えるのだが、実はそれには及ばない。この表はよく見ると粒子1と2を入れ替えても一緒なので、状況は粒子2にとってもまったく同じである。つまり粒子2もBを選ぶだろう。こうしてこのゲームの結果は粒子1も2も、揃って状態Bに合って、両方とも得点1を手にする、ということになる。

これがゲーム理論である。相手を読んだうえで、自分の有利な状態を考えて落ち着く先が「ナッシュ均衡」とよばれるものである。ゲーム理論は社会科学に数理的な嵐を起こして、そのために経済学を筆頭にした諸学を、本来の意味の「科学」に近づけつつある。

ちなみにこの表のゲームは「囚人のディレンマ」とよばれるものである。

ここで一度、ルールを変えたゲームを想定してみる。粒子1と粒子2の表を読み替えるのである。これは各粒子が、自分ではなく相手の利得を念頭に「利他的に」状態の選択をすると想定することに当たる。さっきと同様の分析から、この場合は両粒子とも状態Aを選んで、得点3を取り合うことがすぐにわかる。こうして、この「囚人のディレンマ」ゲームでは、自分ではなく相手のことを考える「利他的」な選択が、上記の「利己的」な選択に勝ることがわかるのだ。

さてここで粒子1と粒子2が同種粒子で、量子もつれをもっているとしてみよう。粒子1が状態A、粒子2が状態Bを選んだという状況には、かならず粒子1が状態B、粒子2が状態Aを選んだという状況が等確率で混入してくる。すこし考えればわかるのは、それは結局、もとのゲーム表と、それから1と2をひっくり返した表との平均で置き換えた、新しいゲーム表を考えることに相当する。先の「利己的」ゲームと「利他的」ゲームのちょうど「中間」になっているのだ。この場合も両粒子とも状態Aを選んで、得点3を取り合うことが、先と同様の解析からすぐにわかる。

これがもっとも簡単な場合に簡略化した量子ゲームのエッセンスである。量子もつれをもった二粒子の選択が、自己の利益と他人の利益をほどよくミックスした、「最適社会性」に相当するというわけである。あるいはこれを、利己的な粒子と利他的な粒子が半分ずついる集団を表していると考えてもよい。完全な量子ゲーム理論では、粒子1と2は同一とは限らず、もつれの度合いも変化させられる。それによって利己的利他的粒子の比率を変えることができる。また利他的以外にも他のタイプの「戦略」をとる粒子も考えることができる。そして先の簡略化では抜け落ちた量子干渉項というのが、一般には出てきて話を複雑にする。量子的状態に特有の現象である。

ゲーム理論をより現実に近づけようという試みの一つに、ジョン・ハーサニーの「不完備情報ゲーム理論」がある。ゲームに関する完全な情報なしに、プレイヤーたちがゲームを行わねばならない状況を考慮するのである。ある種のハーサニー型ゲームの量子版を考えることで、量子干渉項のもたらす利益が、ベルの不等式の破れと直接関連づけられる。つまり古典ゲーム理論ではけっして出てこない、量子ゲーム理論ならではの純粋に量子的な効果が、はっきりと分離できるのである。

しかしこれが量子的でない粒子に、一般にどう適用できるのかは疑問の余地があるだろう。利他戦略に関しても、とくに量子をもち出さずとも、より複雑な構成にはなるが通常のゲーム理論の範囲で扱えるかもしれないなど、いろいろと議論のあるところである。しかしいずれにせよ、量子力学的な考え方や数学が、ゲーム理論のような一見遠い分野に影響を及ぼし得る可能性には、今後も十分留意すべきだろう。ゲーム理論の創始者の一人が、量子力学の完成者のフォン・ノイマンであったり、二つの異なった分野にあってハーサニーの不完備情報ゲーム理論とベルの不等式が、ほぼ同じ形式で、ほぼ同じ時期に登場したりと、ゲーム理論と量子論には、偶然か必然か興味深い符合がいろいろと見いだされるのである。

経済学や社会学で扱うマクロな設定と異なった、電子を直接操作して行うゲームというのを考察することもできる。量子情報操作のいろいろな局面を、そのようにモデル化することがなにかの役に立つ場合もあるかもしれないからである。そのような「真の意味で量子的な戦略」をもったゲームの、もっとも簡単で本質をあぶり出した例が、M・A・メイヤーの量子コインフリップである。実はこれが、量子ゲーム理論が世の注目を引いた嚆矢でもある。その理由の一つが、内容の斬新さもさることながら、古典的なピカード船長と量子的な謎の生命体Qの出てくる、スタートレックに擬した論文のスタイルであった。

メイヤーのコインフリップでは、通常の古典的戦略のみをとれるプレイヤーPと、量子的戦略をとる能力のあるプレイヤーQが、コインの裏表を巡って賭けをする。最初に箱の中にコインを表を上にして置く。箱を幕で覆ったまま、Qが箱に手を入れてコインに触れる。ここでコインになにをするかはQの一存であるが、それはPには見ることができない。ついで古典的プレイヤーPが手を入れてコインに触れる。ここでコインをひっくり返すか返さないかはPの一存で、その行動はQにはわからない。最後にQがもう一度箱に手を入れてコインに触れる。そしてそこで箱の中を見て、コインが表ならQの勝ち、裏ならPの勝ちとする。

触っただけではコインの表裏の区別はつかないと想定すれば、このゲームには、PにもQにも公平に五〇％の勝率がありそうである。お互い相手の手がわからないままにコインのフリップをするかしないか決めると、その結果はランダムにならざるを得ないからである。しかしもし、Qが量子的なコインフリップ操作を行えるとしたらどうだろう。最初にコインに触れるときにQは、半分の確率でそのまま、半分の確率はフリップという重ね合わせ状態に置くことができる。重ね合わせ状態のうちでも、二つの状態の両方の位相の揃ったものを選んでおく。すると次にPがコインに手を触れてなにをしたとしても、それが古典的である限り、いまの重ね合わせ状態を同じ状態のままにとどめ置くことになる。仮に何もしなければそのままであり、コインをフリップしてもそれは同じ表裏半々で位相の揃った重ね合わせ状態だからである。最後にQは最初と逆の操作を行う。実はこれはコインを半分の確率でそのまま、半分の確率で裏返すが、その相対位相が負になるようにする操作と量子的には同等である。結果は、コインの状態は表に戻っており、ゲームはQの勝利となる。

量子的戦略をとれるQのつくり出す重ね合わせ状態に対して、古典的戦略しかとれないPは文字通り手も足も出ないのである。

古典戦略をつねに上回る利得が保証されている量子的利得の存在の、現実世界への意義を考えると、生物の初期進化の初期段階に思い当たる。生物がいかにして進化してきたかを、ゲーム理論的な数理モデルで記述することはいずれ可能となるだろう。生命活動を支えるのは細胞の中で進行する生化学反応であるが、これは当然すぐれて量子的なものである。細胞レベルでのミクロな生命の進化を考えると、少なくともその初期の発展段階で、そこにはゲーム理論的な競争の過程が存在して、その競争は量子的スケールで行われたと推測できる。そしてそのとき、量子戦略をもつゲームの強みが、生命により迅速で優位な進化をもたらすことも想像されるのである。もし量子的資源を利用できるミクロな生物があったとして、そのような優位さを使わなかったら、むしろそのほうが不自然だともいえるかもしれない。

意思決定者を量子的粒子のように扱うと有用な結果が得られることに、単なる数学的記述の便法以上の深い意味を見いだそうとする人びともいる。意思決定を含む精神の働きを司る「脳」の働きに量子の痕跡を見ようとするのである。永遠の神秘である「意識」に量子論が光を当てるのではないか、という考えである。

この「量子脳理論」の野心的な試みには、しかしいまのところ、なんら実験的サポートがない状態である。さりながら、これを単なる妄想と一概に捨て去ることはできないだろう。細胞の駆動力、視覚、そして嗅覚、はては鳥類の磁気コンパスまで、生物の諸々の基礎機能の解明に、量子力学的効果の考慮が必須であることが、近年ますます明らかになっているからである。

意識、そして自由意志の解明が量子力学によってなされるかどうかは、いまのところ予断を許さない。しかしいずれにせよ、現在の量子力学では「理論の外にある前提与件」である観測者の意識や自由意志についての考察は、量子論の将来にとって、いずれ避けて通れない問題である。

24 いにしえの世界観の復興としての量子力学

これまで見てきたように、量子論の世界観を古典物理学に基づいた「近代的」で「科学的」な世界観と比べると、次のような相違が見いだされる。

古典論

＊ 前提与件がすべて完全に与えられれば、物事の将来の振る舞いは確定する。

＊ 主体の観測や思念が客体に影響を及ぼすことはない。

＊ 物事はどこまでも分けたり区分したりでき、それを制限するのは技術的限界のみである。

＊ 測定者に区別がつかずとも二つのものは同一ではない異なったものである。

＊ 世の中に見いだされる「形のあるもの」と「形のないもの」では、後者は前者の派生物である。

＊ 前提与件がすべて与えられても、物事は必ずしも確定せず、確率的な予言しかできない。
＊ 主体の観測や思念が客体に影響を及ぼす。
＊ 物事はどこまでも分けたり区分したりはできず、それを制限する最小の区分単位がある。
＊ 測定者に区別のつかない二つのものは同一物である。
＊ 世の中に見いだされる「形のあるもの」と「形のないもの」は両方とも根源的な実体である。

量子論的な世界観は、古典論を常識とすれば、非常に奇妙な非常識なものである。しかしここで一つ思い返す必要があるのは、古典物理学的な世界観自体、それが登場したときには、それまでの常識に反する非常に奇妙なものと感じられたという事実である。

たとえば古代人に両世界観を説明して、どちらに与するかを聞いてみるとしたら、どのような答えが得られるだろうか。

古代人をこの世に実際によび戻して質問を浴びせるのは無理だとしても、この問いを「我々の中の古代人」に対して発することはできる。つまり技術者や科学者や法律家や経済人といった、我々の職能に即した思考を脱ぎ捨てた、日常生活人としての我々自身を考えるのである。おそらくそれは、我々が近代物理学の思考に触れる以前の「古代の心性」に近いものだろうから。

世界の構造を論じる場合、その自明の前提として、それを論じる主体としての「我々」、すなわち、ものを考える主体としての我々の存在があるのはいうまでもない。そしてこの考える主体は、ものを感じる主体でもある。ものを感じる主体としての我々の特質は、抽象的思考以前の原始的心性として、日常の生存世界のただ中においてでこそ、もっともよく表出されているであろう。それは記録も定かでない太古の昔から、古代の諸文明、近世の理性の曙の時代、その黄昏たる現世現代を通して、時代や場所を超えた、我々すべての中にある普遍的な心性である。

日常の生存の現場で遭遇する物事に関しては、意識するとしないとにかかわらず、誰しも次のように考えているのではないだろうか。

＊　ある状況についてあり得る限りの知識が与えられても、世の中にはたいていの場合予期せざる不確定要因がたくさんあって、物事の行く末は確定せず、なにかいえるとしても、それは確率的な予言である。

＊　私自身がなにかを観察したり、それについて思念を巡らせると、それはたいていの場合他人や他の生き物といった他の存在に気づかれて、そのために他の存在の様子は観察や思念以前とは異なってくる。

＊　物であれ事であれ、それをどこまでも分けたり区分したりして分析するのは不可能で、なにかしらの精度の限界はつねにある。

＊　区別のつかない二つの物があった場合、どちらを選んでも結果は同じなので、それらは同一物であるとみなしてよい。

＊　世の中には物質的な事項と霊的な事項があって、なにかをはじめるには両者を同等な重要さで考慮に入れる必要がある。

こうしてみると、「近代科学で培われた常識」を取っ払った日常人としての人間にとっては、実は量子力学的世界観のほうが、古典力学的世界観よりは、ずっと馴染み深いことがわかるのである。ある意味で量子力学的世界観は、古典物理学によって啓蒙されざる未開の思考として貶められた、近代以前の世界観の復興という側面をもっている。量子論の登場によって、啓蒙思想とその生み出した科学的思考が、単なる近似的な有効性しかもたないことが明らかになった。我々はけっして全知全能にはなり得ず、我々の認識は本来的に限界をもち、我々が世界を理解し尽くすことはけっしてない、ということを我々は知っている。量子力学はそのような本源的不可知論の数学的に厳密な表現なのである。

近代科学の世界観に基づく合理的推論が、我々の思考回路の一部でしかないという認識は、エイモス・トヴェルスキとダニエル・カーネマンの行動心理学をはじめとした幾多の研究を通じて、今日の社会学経済学では広く共有されたものであろう。狭い意味の合理性から外れた我々自身の行動の中に、進化的そして機能的な、より広い意味の合理性を探るのは、現代の多くの学問の通奏低音になっている。このような考え方の淵源を辿っていくと、それは哲学者エトムント・フッサールの「現象学」の中心概念、「生活世界」に行き着く。一九世紀末から二〇世紀初頭のオーストリアとドイツを生きたフッサールの著作は、いまの我々からはきわめて秘教的で難解なものである。しかし現象論哲学の深い森を分け入ると、それが認識論的存在論の思弁哲学であると同時に、人間の心理機構モデルともみなせることが了解されるのである。認識作用のうちから副次的なものの派生的なものを順次消灯していく「エポケー」の過程を経て、フッサールの到達した人間の原初の認識風景は、計量的合理性の発祥以前の簡素で晴朗な世界、すべての事象が瞬時に自明な生活世界であった。

フッサールの現象学と量子力学の思想を直接に結びつける糸は見つかっていない。しかし数学基礎論の研究から出発したフッサールの、ウィーン、ハレ、ゲッティンゲン、フライブルクという地理的遍歴を辿ると、そこには自ずから、誕生しつつある量子力学の思想との共時性、当時の時代精神といったものを感ずるのである。没後弟子たちの努力で、国家社会主義政権の没収を免れベルギーに保管されたフッサール文庫には、プランクの著作、アインシュタインの著作も見いだされる。

しかしもちろん、近代以前の世界観の復興という側面をもつからといって、量子論によって、近代物理学のニュートン＝ラプラス的な世界観が否定されたわけではけっしてない。

まずもって古典物理学の発展が量子物理学の発見の前提条件であることを思い起こそう。さらには、古典力学が量子力学のある近似になっていることを想起する必要がある。ある条件のもと、ある精度内では、物の動きは我々の意図や観測とは独立であり、物事の進行はいつも予測可能である。巨視的なスケールの事物に関しては、そのほとんどの事象が古典力学の予言する通りに確定的であり、観測者はそれを望みの精度で定めることができる。

量子力学的世界観は古典物理学の確定的世界観の否定ではなく、その限界の明確化とその拡大なのである。すなわち我々の知識の領分が、我々の無知の度合いの定量化、我々自身の認知の限界地点にまで拡大したわけである。自らの無知、自らの知の限界を知る者こそ真の智者である、と古代ギリシャの哲人ソクラテスは喝破した。ガリレオ以来三世紀余を経た近代科学は、量子力学の登場によってようやく、そのような高い知の領域に足を踏み入れたのである。

しかし我々は、この高い知の領域をいまだに極めたとはいえない。量子力学の完全な理解を阻む謎として、「観測の問題」が残っているからである。量子力学はミクロ世界そのものについての理論というよりは、ミクロ世界がマクロ世界からどう見えるかを記述する理論である。重ね合わせ状態にあって古典的には相反する複数の状態に同時に存在するミクロな事象は、マクロ世界に住まう観測者の介入によって唯一確定的な状態に移行する。この「未定から確定への移行」が、いったい観測のどの段階で、どのようにして起きているのか、我々はいまだに、これについてのつじつまのあった理解に達してはいないのである。

ボーアは語る。そのようなつじつまのあった理解はそもそも人智を超えたものであり、量子力学こそが人間の認識に与えられた完全な最終理論であると。アインシュタインは語る。物理学はいずれ量子力学を超えたより深い理論に達して、そこでは観測問題は存在せず、そこではミクロ世界とマクロ世界から得られた我々の常識的直感の、全き調和が見られるだろうと。

量子力学の最終頁はいまだに閉じられていない。

おわりに

ここまで読み進まれた読者には、量子力学が単なる物理学の一理論にとどまらない、ひとつの新しい世界観であることは、もはや明らかであろう。

原子や分子の住まう極微の世界に分け入った二〇世紀初頭の開拓者たちによってもたらされた量子力学は、長い間閉ざされていた知識の秘密の部屋への鍵を我々に与えた。物質のなりたちの秘密、光の神秘の秘密、太陽の星々の炎の秘密を我々は知っている。半導体、レーザー、新素材、超伝導物質等々、我々の身の回りを一変させた二〇世紀の技術は、その多くが量子力学の応用として発したものである。

しかし量子力学発見の人間への影響はいまだに続いている。量子力学的世界観のもたらす真の衝撃が、物理学以外のあらゆる領域へと広がるのを、二一世紀の我々はいま目撃しているのかもしれない。

量子力学的な世界観は、これまで人類のもったどんな深遠な思弁哲学にも劣らない深みを備えている。その量子的世界を、我々はいまだ完全には理解しきれていない。量子力学を超える物理学の理論が今後いつの日か登場するであろう。そこで量子力学の謎の多くが、我々の日常論理に沿った形で解決される可能性も皆無ではない。しかしおそらくそうではないだろう。思い返せば量子力学が発見されるためには、ニュートンの古典力学の内実が精査され、ラグランジュ、そしてハミルトンによって、そのより深い理解が達成されることが必要であった。量子力学の奇妙で深遠で美しい秘密を完全に理解してはじめて、我々はそれを超えた、新しい、さらにより深奥な理論に到達するのであろう。

その間にも量子力学に基づいた世界理解の拡張は、とどまることなく進みつづけるであろう。量子力学を武器に宇宙を理解しはじめ、量子力学を武器に物質を理解しはじめた我々に、残された問いはなんであろうか。様々な課題のうちで、とりわけ重要だと筆者に思えるのは、量子力学が生命活動にどこまで迫れるかという問題である。感覚、神経細胞の活動、脳の働き、そして意識そのものの秘密が、量子力学的なものの見方によってどこまで解明されるのか。これからの量子生物学の発展、そして脳科学への量子力学の関与の有無の研究からは目が離せない。我々はどこから来たのか。我々はいかに思考し、いかに生きるのか、我々はなぜ死するのか。我々人間の究極の問いである生命の神秘そのものに、量子力学的世界観がどれだけ迫れるのか。量子力学の射程の限界を見極めようとする探求は、緒に就いたばかりである。

謝辞

久須美雅昭氏には、草稿の早い段階から原稿を何度もていねいに読んでいただいたうえ、多くの大変有益なご批評をいただき、感謝の言葉もない。須藤靖博士には、原稿の査読をいただき、貴重なご意見を多数いただいたことに深い感謝の念を表したい。筒井泉博士、市川翼博士、ヴォルフガング・ベンツ博士には、量子力学をめぐる議論において、深い洞察を幾度にもわたり分けていただいた。ここに謝意を表する次第である。小澤正直博士には、筆者の認識違いをいくつか正していただき、あまつさえ推薦の辞までいただき、恐縮と御礼の念が半ばしていることを記しておきたい。筆者のわがままを辛抱強く聞いていただき、本書を出版にまでもってきてくださった東京大学出版会編集部の丹内利香氏に感謝したいと思う。

最後に、題材の選択、そして題名の選定において、たびたび筆者を助けてくれた妻の由美に感謝したい。

文献

量子力学について書かれた本は多い。ここでは本書の読者が量子力学についてさらに深く知りたい場合に参考になる書物をいくつかあげておく。

[1] Abraham Pais, "Niels Bohr's times, in physics, philosophy and polity", Oxford Press, 1991（邦訳：アブラハム・パイス著、西尾成子他訳『ニールス・ボーアの時代』みすず書房、1巻、二〇〇七年、2巻、二〇一二年）
第一級の科学者にして第一級の科学史家でもあった著者の、量子力学の創成期を描いた数ある著書のうちでも最高のもの。ボーアを中心として、主要な登場人物の思想と行動が、詳細な文献に基づき深い部分まで描かれる。
[2] Brian Greene, "Elegant universe", W. W. Norton & Co., 1999（邦訳：ブライアン・グリーン著、林一、林大訳『エレガントな宇宙——超ひも理論がすべてを解明する』草思社、二〇〇一年）
万物理論の最有力候補としての一一次元空間の超対称超弦理論を、その題名どおりにエレガントに描ききった書物。素粒子論の難解な世界を扱った五〇〇頁の大著ながら世界的ベストセラーになったのも、お洒落な著者の筆致に多くの人が酔ったからであろう。
[3] Manjit Kumar, "Quantum", Icon Book, 1999（邦訳：マンジット クマール著、青木薫訳『量子革命——アインシュタインとボーア、偉大なる頭脳の激突』新潮社、二〇一三年）
近年に書かれた量子力学に関する書のうちでも出色のもの。思想のドラマであり人物のドラマでもあった量子論創

成期を見事に描写して、巻頭から巻末まで一気に読ませる本である。

[4] Lee Smolin, "Trouble with physics", Spin network Ltd., 2006（邦訳：リー・スモーリン著、松浦俊輔訳『迷走する物理学』ランダムハウス講談社、二〇〇七年）

量子重力研究の大家による、現代素粒子論への批判の書。超弦理論の「社会学的支配下にある」素粒子論研究界、健全な発展期を過ぎて自己保身の時代に入った科学界、という著者の観点には賛否両論があるだろう。しかし著者の達筆ぶりが光り、超弦理論を中心とした素粒子論のここ数十年の歴史の生々しい実録として読んでも非常によく書けている。

[5] 朝永振一郎著『新版　スピンはめぐる――成熟期の量子力学』新版、みすず書房、二〇〇八年

量子電磁力学の建設を主導した大科学者による不朽の名著の復刊本。スピンの概念に焦点を当てた量子力学史。ノーベル賞物理学者である著者自身の思考を追体験できる希有の書。式も出てきて難易度は高い。

[6] 筒井泉著『量子力学の反常識と素粒子の自由意志』岩波書店、二〇一一年

なんという題名だろう。町工場での男女記者のやり取りを用いたベルの不等式のわかりやすい解説が秀逸。本書でわずかに触れるのみだった、量子力学の観測問題の最新の話題である「量子力学の文脈依存性」や「自由意志定理」について、式を出さない範囲でもっとも詳しく解説された書物。論理を追って読み通すには努力が必要だが、その努力が報われた読後の満足も大きい。

ま　行

ら　行

索　引

あ　行

か　行

さ　行

た　行

な　行

は　行

著者紹介

全　卓樹（ぜん・たくじゅ）

京都生まれの東京育ち、米国ワシントンが第三の故郷。東京大学理学部物理学科卒業、東京大学大学院理学系研究科物理学専攻博士課程修了。博士論文は原子核反応の微視的理論についての研究。現在の専門は数理物理学、量子力学。ジョージア大学、メリランド大学、法政大学などを経て、現在、高知工科大学理論物理学教授。理学博士。主要著書：『銀河の片隅で科学夜話』（朝日出版社、2020）、『渡り鳥たちが語る科学夜話』（朝日出版社、2023）。

エキゾティックな量子
不可思議だけど意外に近しい量子のお話

2014年 9月18日　初　版
2023年12月15日　第4刷

［検印廃止］

著　者　全　卓樹

発行所　一般財団法人　東京大学出版会

代表者　吉見俊哉

153-0041 東京都目黒区駒場4-5-29
https://www.utp.or.jp/
電話 03-6407-1069　Fax 03-6407-1991
振替 00160-6-59964

印刷所　株式会社三陽社
製本所　牧製本印刷株式会社

© 2014 Takuju Zen
ISBN 978-4-13-063607-0　Printed in Japan

JCOPY 〈出版者著作権管理機構 委託出版物〉
本書の無断複写は著作権法上での例外を除き禁じられています。複写される場合は、そのつど事前に、出版者著作権管理機構（電話 03-5244-5088、FAX 03-5244-5089、e-mail: info@jcopy.or.jp）の許諾を得てください。

著者	書名	判型	価格
須藤　靖	解析力学・量子論 第2版	A5	二八〇〇円
須藤　靖	人生一般ニ相対論	四六	二四〇〇円
フェイヤー 谷俊朗訳	量子力学	A5	五二〇〇円
浅野建一	固体電子の量子論	A5	五九〇〇円
酒井邦嘉	高校数学でわかるアインシュタイン	四六	二四〇〇円

ここに表示された価格は本体価格です。御購入の際には消費税が加算されますので御了承下さい。